家具设计

FURNITURE DESIGN

胡虹 主编

杨媛媛 石岩 余辉 编著

U0244071

中国青年出版社
CHINA YOUTH PRESS

图书在版编目（CIP）数据

家具设计 / 胡虹主编；杨媛媛，余辉，石岩编著. — 北京：中国青年出版社，2012.11
中国高等院校"十二五"精品课程规划教材
ISBN 978-7-5153-1276-7
I.①家… II.①胡… ②杨… ③余… ④石… III.①家具－设计－高等学校－教材 IV.①TS664.01
中国版本图书馆CIP数据核字（2012）第279902号

中国高等院校"十二五"精品课程规划教材
家具设计

胡 虹 主编   杨媛媛 余辉 石岩 编著

出版发行：中国青年出版社
地   址：北京市东四十二条21号
邮政编码：100708
电   话：（010）59521188 / 59521189
传   真：（010）59521111
企   划：北京中青雄狮数码传媒科技有限公司

策划编辑：刘 洋
责任编辑：郭 光 张 军
封面设计：六面体书籍设计
        唐 棣 张旭兴

印   刷：北京时尚印佳彩色印刷有限公司
开   本：787×1092   1/16
印   张：7
版   次：2012 年12月北京第1版
印   次：2015 年8月第3次印刷
书   号：ISBN 978-7-5153-1276-7
定   价：46.90 元

本书如有印装质量等问题，请与本社联系
电话：（010）59521188 / 59521189
读者来信：reader@cypmedia.com
如有其他问题请访问我们的网站：
http://www.lion-media.com.cn

CONTENTS 目录

CHAPTER 1
家具设计概论

本章由浅入深地从家具及家具设计的概念开始，概括性地向学生展示了和家具相关的各个方面，并且详细论述了这些方面和家具之间会产生什么关系，让学生对家具设计建立一个整体的概念，为后续的学习奠定基础。

CHAPTER 2
中外古典家具简述

本章结合大量图片实例分析，描述了中国古典家具及外国古典家具的历史文化背景、成因和造型特色。

CHAPTER 3
现代家具设计及主要大师作品

通过介绍从工业革命后到近现代时期有典型代表的家具设计大师和主要流派的作品，来呈现现代家具设计的主要特征。

CHAPTER 4
家具的材料及结构

学生通过对本章内容的学习，应对家具的常见材料和基本结构有深刻的认识。家具的材料和结构是家具造型设计的重要载体，本章通过理论分析和结构图示相结合的方式展示了这两方面的内容。

CHAPTER 5
人体工程学与家具设计

学生通过对人体工程学与家具设计章节的学习，应清楚人体工程学是如何对家具产生影响的以及人体工程学在家具中的重要性。本章由浅入深地介绍了和家具相关的一些人体工程学知识，并结合大量图形和例证进行了论述。

CHAPTER 6
家具设计与空间陈设

本章内容主要介绍家和空间陈设的关系，特别介绍空间中包括家具在内的陈设的主要类型和形式，并结合一些常见的空间来展示不同的陈设形式和特点。

CHAPTER 7
家具设计的程序与方法

本章内容主要在家具设计的实践方面，通过对家具设计程序的分解，让学生对各个步骤中的方法有具体的了解。在本章最后，还展示了部分优秀的家具设计作品。

CHAPTER 1

家具设计概论

本章由浅入深地从家具及家具设计的概念开始,概括性地向学生展示了和家具相关的各个方面,并且详细论述了这些方面和家具之间会产生什么关系,让学生对家具设计建立一个整体的概念,为后续的学习奠定基础。

本章概述

本章包括家具和家具设计的概念、家具设计的原则、现代家具设计的新趋势三个方面的内容,每个方面又分别从不同的角度进行了由浅入深的分析。

教学目标

通过本章学习,学生应对家具和家具设计的概念有清楚的认识,并且要明确和家具相关的六个方面,它们和家具产生什么样的关系;还要明确家具设计的几个基本原则对家具的重要性是什么;最后还需要了解现代家具设计的四个新的发展趋势。

章节重点

掌握家具与家具设计的概念,主要学习家具设计的几个基本原则,并能认识到如何在设计中关注家具设计的这几个原则。

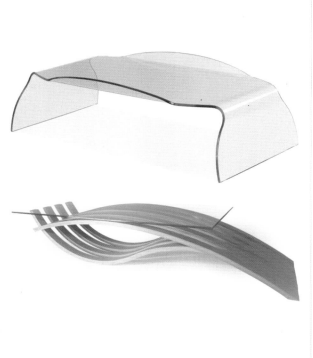

1.1 家具的概念

家具是人类开展正常生产生活的重要器具，是人类在社会发展和科技进步中不断改善生活的必需品。就家具的定义来说，《中国大百科全书·轻工卷》是这样解释的："家具（furniture）是人类日常生活和社会活动中使用的，具有坐卧、凭倚、贮藏、间隔等功能的器具，一般由若干个零部件按一定的接合方式装配而成。"根据这个解释，我们能认识到家具在使用与构造方面的功能与特征，但家具的内涵并不限于此。一方面，家具的出现与人的本能需求有关，人类利用家具改善自身生活条件、满足生活需求、创造好的生活环境，任何时期出现的家具用品都是一种实用性的产品；另一方面，家具不仅是一类生活用品、工业产品、市场商品，它还受到不同时期的历史背景、生活环境、民族特征、文化艺术、经济技术等方面的影响。纵观各个历史时期所产生和使用的家具，都无一例外地烙上了时代的印记。从一件家具上可以毫无遗漏地阅读出产生这件家具的那个时代的社会状况和文化、民族等多面的特征。所以它也是一种文化艺术作品，是一种文化形态与文明的象征（图1-1）。随着时代的变迁，家具的造型、文化、内涵、技术等方面在不断变化更新，要想全面解读家具并掌握家具设计的知识，应从和家具相关的各个角度出发。设计师只有明确了家具的概念，才能知道从哪些方面入手去学习家具设计的理论，运用家具设计的知识。

1.2 家具设计

设计是一种创造性的活动，是将人的某种目的或需要转换为一个具体的物理形式或工具的过程，是把一种计划、规划、设想、通过具体的载体，以美好的形式表达出来的方法。家具设计作为设计中非常重要的领域，同样也是把家具作为载体而进行的一种创造性的构思与规划，并且是通过绘制图纸、制作模型等形式将满足人们生理、心理需求的感性意图进行理性表达的过程。家具设计是一项复杂的系统工程，很多复杂的因素都在影响着家具设计，它除了与建筑、室内环境等都有十分密切的关系之外，还受到时代、民族、技术、审美等很多方面的影响，不了解这些因素就不可能做出优秀的家具设计。

1.2.1 家具设计与时代特征

家具设计是具有时代性的，在历史发展的不同阶段，家具会表现出明显的时代特征。各个历史时期的器物文化，都是以该时期的物质社会为基础的，在设计上表现出文化的积淀和演变。例如，工业革命早期，特别是18世纪资本主义初期的欧洲，出现了新古典主义思潮，此时人们十分热衷于从古希腊、古罗马建筑风格中去探寻新的设计灵感。这一时期家具设计中的一些构件和装饰多采用古典建筑的风格，从而反映出了这一时期的设计理念（图1-2）。当今时代，能否使设计出的家具适应经济、技术和社会文化的相互碰撞与交融，能否利用社会价值观念与审美在设计中表现时代特征，是家具设计师的重要任务与挑战。

1.2.2 家具设计与民族特质

不同的国家和民族，因生活环境、生活方式等方面的差异，会形成不同的文化观念和心理物质。因此他们对家具的式样、种类和审美等方面都有不同的需求，家具在设计时为了与这些因素相适应，在各方面都形成了富有民族特性的特征。例如欧式家具和中式家具在造型、装饰、结构和品种方面就有很大的差异，

图1-1 洛可可艺术家具反映了法国路易十五时期宫廷对奢华的追求

这就说明了民族物质对家具设计的重大影响（图1-3）。只有民族的才是世界的。在经济高速发展和全球一体化的今天，在与时代结合的同时传承民族文化，才能给家具带来独特的生命力。

1.2.3 家具设计与环境因素

人类生活的任何环境都离不开家具，它是人们日常生活必不可少的用具。在室内环境中，家具有划分室内空间、营造环境气氛的作用。设计师利用家具，可以改善人们的居住环境，通过设置摆放各种不同设计风格的家具，可以达到丰富室内居住环境，提升整体视觉效果的目的；在室外环境中，家具为人们的户外交流、学习、工作及生活提供，同时起到美化城市面貌、构建城市文化的作用。

人们的生活环境复杂多变，与其他产品的使用环境相比，家具需要占用较大的空间，因此，在确定家具设备的数量和尺寸前，应明确各种家具设备所占用的空间大小和放置的空间类型。比如在厨房空间中放置的家具应该是和厨房环境相关的橱柜、置物架等，这些家具的设计就应该根据实际厨房的大小来进行规划和放置。图1-4所示的是不同橱柜的布置形式，较小空间一般采用单面墙及L形的布置，较大的厨房空间则多用U形和通道式的布置方式。

许多设计师常把家具作为一个独立的产品进行设计，但家具作为组成环境的重要部分，是不应该作为独立的产品进行设计的，应从整体空间入手，使家具与室内空间得到合理、灵活、有效的配置。

1.2.4 家具设计与技术水平

工业革命之前的家具主要是靠手工艺劳动来完成设计制造的，没有对设计与制造的精细分工，家具制造技术的传承依靠师带徒的方式进行，手工艺者的经验、技术、审美情趣决定了家具的质量和外观。因此，这个阶段的家具设计受到了原始加工技术的限制，无法进行批量生产，家具种类十分有限。当时，装饰华丽、精雕细刻的家具仅为少数贵族服务，人民大众的家具以简洁实用为主。

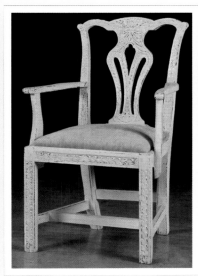

图1-2 新古典主义风格的夸张化的家具，800年制作于英国

图1-3 中式家具与欧式家具

工业革命之后，生产技术得到大幅度提高，家具生产上也实现了机械化，这使得家具的大规模批量生产成为可能，设计也开始在家具中发挥重要的作用。对一件家具来说，加工技术手段和工艺成型手段是设计者把设计理念转换为实物的必要条件，是形成家具的物质技术基础，没有好的技术，一切设计都只能停留在构思阶段。一项新技术、新材料的出现，经常会带来产品设计领域的革新，现代工业家具的先驱，奥地利设计师米切尔·托勒（Michael Thonet）发明的曲木椅（图1-5）就是最好的例证。这种椅子采用了现代机械弯曲硬木和蒸汽软化木材新工艺，让椅子拥有了优美的曲线和纤细的形体，其加工方式和便利的组装方法也非常适合大批量标准化的生产。

1.2.5 家具设计与审美情趣

我们通常认为家具是一种具有实用性的艺术品，既有科学技术的一面，也有文化艺术的一面。虽然实用性是家具出现的主要目的，而审美仅是一种视觉感受，这两者看上去仿佛没有更多的联系。但家具作为环境的主要组成部分，对我们的精神和感官产生直接而深刻的影响，具有艺术性和形式美的家具在给我们创造好的生活环境的同时也为我们带来正面的审美情感（图1-6）。要在家具设计中处理好实用性和艺术性的关系，就要求设计师了解家具文化，学习家具造型的相关知识，处理好形态、材质、色彩等审美元素，并不断

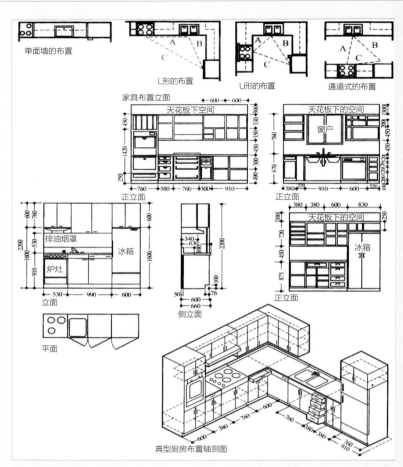

图1-4 厨房设备尺寸

图1-5 曲木椅

提高自身修养，培养对美的观察力和感受力。

1.2.6 家具设计与形态要素

家具造型的实质就是设计中处理好"形"与"态"的关系。这里的"形"是指外形、形状，"态"则反映家具的精神功能。

要在家具设计中协调好"形"和"态"之间的关系，就要清楚与其相关的因素：功能、材料、结构、机构、数理（图1-7）。功能即家具的实用性；材料是实现家具形态的主要载体，家具设计的重点之一就是研究材料与形态之间的关系，材料的革新带来技术（结构）进步，以及形态的变化；而材料又需要经过一定的连接、组合才能构成家具；机构和数理也是实现家具形态的重要条件，家具必须按照一定的数理尺寸来表现形态。

1.3 家具设计的基本原则

家具作为一件产品应满足人的生活和心理需求，家具设计作为家具生产制造的前期规划，除了应考虑家具对使用者是否实用之外，还应兼顾安全、舒适、经济等方面，并且还应在设计过程中注意结构是否合理、整体外形是否美观。

1.3.1 实用性

任何时期的日用家具，实用性都是基本的出发点，家具的使用目的就是满足消费者某方面的功能需求，这也是家具获得市场认可的基本条件。家具的实用性应在设计的最初阶段就被考虑到，也应该被作为家具设计的首要目标。家具的外观设计应以家具的用途为基准，利用设计来凸显功能，让使用更方便。如果一件家具仅有华丽的外表而没有任何实用性，这样设计出来的物品只能被称为艺术品或装饰品，而不是一件家具。

1.3.2 安全性

家具设计除了实用性外还应更多关注安全问题，在家具满足功能的情况下，安全性就显得尤其重要了。要处理好家具的安全问题，最根本的就是在设计中解决好使用者与家具的关系，让家

图1-6 家具设计的形式美

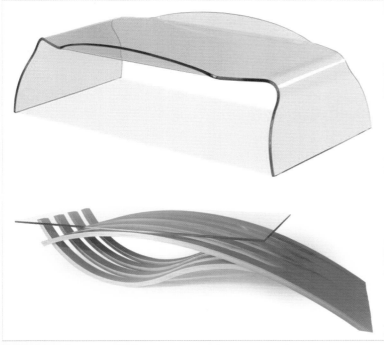

图1-7 家具在不同材料、结构中展现的形态美

具符合人体工程学的要求。特别是在室内环境中，如果家具设计时未考虑人体尺寸，长时间使用这样的家具就会造成疲劳，损害使用者的健康甚至发生危险。在设计中所选用的家具材料同样涉及安全问题。因为使用者在生活中长时间和家具接触，若未选用环保材料就极有可能被家具材料中的污染物侵害，特别会对正在发育的儿童造成影响。当然，儿童家具设计的安全性更为重要，许多家长在选择儿童家具时都把安全性放在第一位。对于儿童家具，在设计中就应更多关注安全问题，如家具是否圆滑无尖角，影响儿童发育的桌椅和床的设计是否符合儿童的身体尺寸等。

1.3.3 舒适性

家具的舒适性是指在使用过程中为使用者提供的良好的身体感受。舒适性好的家具应该适合人体的自然形态，能提高使用者的工作效率，减少疲劳。

1.3.4 经济性

消费者总是希望能买到性价比高的家具，生产厂商则希望通过各种手段生产出有市场竞争力的产品并获取更多的利润，还特别希望通过设计来提升家具的附加值。作为设计师要做到既满足消费者的需求，又能做到"物尽其用"，应该根据家具的功能、材料、工艺的不同，让每一件家具都拥有符合市场的合理的经济价值。例如，现代家具在设计制造中可选用的材料十分丰富，加工手段也是多样化的，但不论使

用何种材料与加工手段，都不应该单纯以追求造型美观和视觉效果为目的而罔顾经济成本和实际的市场要求，更不能盲目增加原料成本和加工难度，从而导致家具设计整体经济成本的提高，造成资源的浪费。

1.3.5 结构性

家具是由若干个零部件按照一定的接合方式组合起来的，其结构如人体的骨骼，虽然看不见，但支撑着整个家具，因此结构的合理性直接决定看家具的品质。处理好家具结构是家具设计中至关重要的问题。很多年轻设计师常把重点放在利用各种艺术手段设计出吸引眼球的造型上而忽略结构，认为只要外形美观，结构是否合理并不重要。这样的认识会造成设计资源的浪费和外形的矫饰，做出的设计方案也不符合实际生产的需求。家具的结构设计与外形设计应该同时开展，设计师在进行家具构思前就应该了解和这件家具相关的结构，包括零部件、材料、加工工艺及安装方式等，这样才能让得出的设计结论符合机械化生产，而不会造成材料的浪费和经济成本的增加。

1.3.6 美观性

家具除了结构合理、功能齐全、安全舒适以外，还应有一定的审美价值，给使用者带来美的视觉感受。一个好的家具设计，其美感除了应体现在好的比例关系和有韵律、有节奏的造型线条上，还要能反映出设计者的理

念，反映出时代的特征。从整体的定位到设计构思，再到形态设计，都应该有独特的内涵和审美价值，使人们在使用和欣赏的过程中能产生愉悦的审美情绪。设计师要在家具设计中完成有艺术价值的作品，需要在对精巧的制作技艺有一定了解的基础上，谨慎处理好和家具相关的造型、色彩、材质等问题。

1.3.7 独创性

寻求艺术设计的独创性是人们求新、求异的本质反映。独创性的设计往往能体现设计师的巧妙构思和强烈的创新精神。因此，独创性的设计总包含着一种特殊的美感。家具的设计也应该有其独创性，反映在设计中应该包括家具形态、结构材料、题材与内容的新颖。

1.4 现代家具设计的新趋势

由于现代社会经济、技术、文化等方面的高速发展，新时代的家具在设计中不但要面对不断变化的市场，还必须兼顾影响人类发展的各类因素，本节内容将结合这些因素，从四个方面的趋势对家具设计的未来发展进行深入探讨。

1.4.1 绿色生态设计

20世纪末至今，为改善全球变暖与自然生态破坏的现状，各行各业都在倡导绿色、环保。家具作为被消费的主体，在对资源进行大量消耗的同时也污染和破坏了环境。为改善人类赖以生存

发展的环境，现代家具设计应该走全球绿色设计与绿色制造的可持续发展之路，改变传统生产手段，将环境因素和预防污染的措施纳入家具设计之初，力求使家具对环境的影响降到最小。例如从选材上制造绿色生态的家具。

图1-8　纸板家具

图1-9　老年人浴缸

图1-10　组合式、多功能与模块化的办公家具

图1-11　新中式现代家具

一方面，家具的主要材料为木材，但长期不合理的砍伐已经严重影响了生态的平衡。要改善这种现状，可有目的地进行选材，少用稀缺昂贵的木材，而选用生长周期短的人工林、速生材或通过人造板材经过特殊的工艺处理达到实木的视觉效果，满足消费者需求。另一方面，人造板材因制作过程要使用大量的胶合剂，制成家具后会释放大量对人体有害的物质，因此研发其他可持续发展的新材料来代替传统的人造板材也是绿色生态家具设计的新方法，如运输轻便、可回收利用的纸板家具已经成为"低碳环保"的新宠（图1-8）。

1.4.2 以人为本的人性化设计

在几千年的发展历史中，家具的用途一直都是满足使用者的需求。在设计长足进步的今天，一些设计师提出了"人性化设计"才是设计真正目标的口号。家具作为人们日常生活中的重要物品，在以人为本的设计新形势下除了应提供基本的功能外，还应更多地表现对使用者的关怀。要在家具设计中关注"人性化设计"，就应该处理好家具的人机关系，让设计在满足人们生理需求的同时，也能兼顾满足人们精神层面的情感需求。在设计中可表现为运用各种有机的造型让家具的形态更舒适，考虑人体使用家具的各种姿势，利用设计解决家具使用过程中所遇到的各种问题，同时考虑特殊人群，包括病人、残疾人、老年人的使用需求，在设计中尽量兼顾他们的生活和使用习惯，根据他们的身体

尺度来进行设计，让他们在使用家具的过程中获得更多的便利（图1-9）。

1.4.3 组合式、多功能和模块化

组合式、多功能与模块化的家具是现代设计的新趋势。模块化的家具特点为可拆卸、自由组合和多功能。这样的家具让空间的分割更灵活，为设计提供了更多的可能性。使用者可根据自己的需求进行拼装、组合，快速打造属于自己的空间，即能有效利用空间以满足现代人的个性化喜好。特别是在居住空间较小的情况下，可以尽可能地利用时尚灵活的组合式家具改变空间格局，在有限的空间中获得更多的储存与收纳功能。此外，这类家具轻便灵活，可以随时根据需要增减部件，对一些人员流动频繁的办公空间来说更为合适（图1-10）。

1.4.4 古典与中式的新运用

现代家具设计中的古典与中式并非传统意义上的纯粹复古，并不是在家具上使用繁缛的古典装饰手法，而是提炼古典与中式造型元素的精髓并加以新的抽象，再融入现代家具设计中，在设计上表现得更简洁、更富于变化。这样的设计不似传统的仿古家具那般沉稳而显呆板，古典与中式的现代设计手法，尊重现代人的审美情趣，又能让传统的审美为更多人接受，既保持了传统家具的风格，又有时代感（图1-11）。

CHAPTER 2

中外古典家具简述

本章结合大量图片实例分析，描述了中国古典家具及外国古典家具的历史文化背景、成因和造型特色。

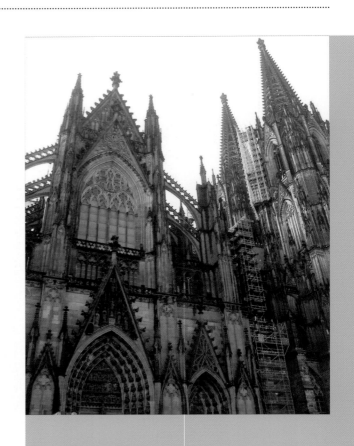

┃课题概述

本章包括中国古典家具及外国古典家具两个部分。第一部分中国古典家具介绍了从席地而坐的古代前期到承上启下的民国家具；第二部分外国古典家具介绍了从欧洲文化的起源——古希腊、古罗马时期到新古典主义时期的家具。每个部分都根据历史和文化背景分析、描述了家具的发展与变化。

┃教学目标

通过本章学习，学生首先应了解中国古典家具所包含的时期，并且要明确每个时期的家具造型特点；其次应学习外国古典家具所包含的时期及不同时期家具的造型特色。

┃章节重点

掌握不同时期的中国古典家具和外国古典家具的特点，并通过学习区分出中外古典家具的不同。

自人类文明诞生以来，家具跟随时代的变换，受到来自不同民族、不同文化的影响，在设计中反映出丰富而迥异的风格特征，因此也可以说家具是历史与文化的传承者。设计师要在设计中对家具风格进行准确的定位，就应该对家具的演变有一个明晰的认识。为了便于学习讨论，本章从中国家具和外国家具两个方面简述家具发展的概况。

2.1 中国古典家具

中国的造物文化经历了几千年的洗礼，家具的造型风格经历了商周、春秋时期的质朴粗陋；魏晋南北朝、隋唐五代到宋元的"垂足而坐"；还经历了明式家具的清丽典雅和清代家具的华丽雍容，在漫长的岁月中逐渐形成了特有的设计哲学和造型内涵。

2.1.1 古代前期家具

夏商周、春秋战国以及秦、汉、三国时期的家具还较为原始，并且以低矮型家具为主，人们习惯"席地而坐"。

商周时期人们相信鬼神传说，对祖先和先人的祭祀之风尤为盛行，造就了商周时期的家具多为祭祀和典礼用的礼器，并多采用饕餮纹、夔纹等有神话意味的图案来装饰表面。祭祀陈设供品的作用决定了这个时期家具的外形特征，如切割和陈列牲口使

用的"俎"。"俎"可以说是案、几、桌、椅、凳的始祖。例如河南安阳出土的商代石俎（图2-1），这种四足俎一直沿用至周朝，上部的俎面为倒置梯形，上宽下窄，四壁斜收。俎面有凹槽，是后世出现的带拦水线的食案先驱。

西周之后青铜礼器更成为统治阶级划分贵贱尊卑的工具，被制定了严格的规范。例如河南下寺二号墓出土的春秋空蟠虺纹俎（图2-2）与以往所发现的木俎不同，整个器身布满镂空纹饰。可以想象，在这种俎上切肉来贡奉的对象，定是帝王贵胄和其崇敬的神祇祖先。

另一种被称为箱、柜始祖的是"禁"，在商周时期也是一种礼器，是在祭祀时用来放置供品和器具的台子。例如陕西宝鸡斗鸡台戴家沟出土的西周夔纹铜禁（图2-3），外形为箱形长方

体，顶面三个椭圆孔洞为放置尊、卣、觚等酒器之用。

进入春秋战国时期，席地而坐的生活方式并未改变，人们喜欢在"席"上设一些低矮的家具，但技术的进步使这一时期家具的品种更加丰富，包含了庖厨用具俎、放置东西的案、凭倚的几、坐卧的床、遮挡视线的座屏和储物的箱等。随着奴隶制的瓦解和封建社会的形成，青铜器开始摆脱鬼神之说，作为祭祀和礼器的功能特性也被弱化，青铜日用品在造型与装饰上也显得更加活泼。如河北平山战国中山王一号墓出土的战国错金银青铜龙凤案（图2-4），此案不但在工艺处理上表现出了当时超高的冶金技术，在设计上也异常精美、层次复杂。最下层是鹿的造型，再上一层由飞龙盘曲，龙间又有凤鸟；龙头构成四角，架起四方形的案面框。

图2-1 商代四足石俎

图2-2 春秋空蟠虺纹俎

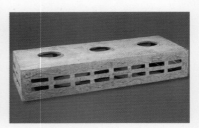
图2-3 西周夔纹铜禁

图2-4 战国错金银青铜龙凤案

战国时期漆器制造成为新兴的技术被广泛使用，这一点在这一时期的家具上得到了充分的体现。例如从湖北江陵望山楚墓出土的战国彩绘木雕小座屏（图2-5）上，可以看到凤、鸟、鹿、蛙、蛇等55种动物交错穿插，回旋盘绕，栩栩如生。

秦、汉、三国时期的家具，是在春秋战国时期家具的基础上发展起来的，家具的主要形式仍然以围绕室内活动为主，但逐渐由"席"转向了低矮的床、榻。洛阳东汉时期的墓室壁画（图2-6）描绘了人们席地而坐的场景，从中可以看出床和榻都比较低矮，读书、待客、宴饮、议事等一切活动都在床、榻上进行。这一时期也出现了柜、衣箱、屏风、衣架，同时，西域的胡床、交椅等也传入了中原。

2.1.2 古代中期家具

古代中期家具是指两晋、南北朝时期低矮型倚靠家具的流行和高型坐具的出现，以及隋、唐、五代时期椅、凳的普及和高型桌案的出现。

魏晋至南北朝以来，少数民族进入中原，民族斗争激烈，但也促进了各民族间的文化交流，影响了人们长期保持跪坐的生活习俗和礼仪观念，家具使用上形成了低矮型向高坐型过渡并交替使用的特征。这一时期出现了不少新的家具，如圆案、橱柜、扶手椅、束腰圆凳等高型家具。这些高型家具特别是高型坐具的出现，也带来了垂足而坐这样的新的起居方式。随着东汉末年"胡床"的传入与普及，床榻也出现了新的形式，床的高度增加，床上出现了供人依靠的隐囊和凭几。从龙门石窟宾阳洞维摩诘浮雕像（图2-7）中可以看出，隐囊是放在床上，供人后靠垫背之物。另外，此时床的结构上增加了顶、帐以及移动式或多折式的围屏，人们既可以坐在床上，也可以垂足坐于床沿。东晋画家顾恺之的《女史箴图》（图2-8）中就出现了带围屏与帐的床榻。低矮型家具在两晋、南北朝时期仍被使用，到了隋、唐、五代时期，虽依然保留着席地而坐的习惯，但垂足而坐的习惯逐渐形成，高型家具逐渐代替了低矮型家具。

隋唐五代时期作为我国封建社会的鼎盛时期，贸易非常发达，这也带来了家具木材的广泛

图2-5　战国彩绘木雕小座屏

图2-6　洛阳东汉时期墓室壁画

图2-7　北魏龙门石窟宾阳洞维摩诘浮雕像

图2-8　东晋顾恺之《女史箴图》

使用，像紫檀、黄杨木、花梨木、沉香木、樟木、桑木、桐木、柿木、竹藤等都被用于制作家具。这一时期社会经济的繁荣发展也带来了手工艺设计水平的提高。同时，对各种外来文化开放宽容的政策，带来了中外文化、科技和经济交流的高潮，也促使家具制作出现了新的趋势。趋势一是高型的椅子在中原地区开始流行，并在此基础上出现了适合其高度使用的案、几，而此类高型家具的出现也影响了该时期的居室高度、器物尺寸、器物造型和装饰。唐代大画家周昉的《宫乐图》（图2-9）表现的是盛唐贵族妇女们宴乐的景象，图中所反映出的食案体大浑厚、装饰华丽，腰圆凳（也称月牙凳）椅腿雕花，符合人体结构。趋势二是家具种类和样式增加，坐卧类家具有凳、椅、墩、床、榻等；凭倚承物类家具有几、案、桌等；贮藏类家具有柜、箱、笥等；架具类家具有衣架、巾架等。在五代画家顾闳中的《韩熙载夜宴图》（图2-10）中我们可以看到这些成套家具在室内陈设、使用的情形。韩熙载是当时有名的大官僚贵族，他家中的家具很具代表性。

2.1.3 古代后期家具

古代后期家具是指宋代、辽、金以及元代的高型家具。这一时期，"垂足而坐"在民间得到普及，家具种类在唐代的基础上有所增加，并已发展得非常完备，有床、桌、椅、凳、高几、长案、柜、衣架、巾架、屏风、镜台等。从宋代画家苏双臣的

《秋庭婴戏图》（图2-11）中可以看出，两个顽童的玩耍处是一个成年人的座墩。墩在宋代贵族、士大夫家中是必备之物，有木质、藤质，形式多样。在结构上此时的家具受建筑影响较大，模仿建筑木结构的梁柱式框架结构代替了从隋唐以来流行的箱形壶门结构，成为家具结构的主体；造型设计上宋代家具摒弃了唐代家具的浑圆厚重，承袭了五代家具简洁秀雅的特点，多采用装饰线脚对家具脚部稍加点缀的方法，很少有繁缛的装饰，桌面

图2-9 唐代周昉《宫乐图》

图2-10 五代顾闳中《韩熙载夜宴图》

下开始用束腰，桌混曲线的应用也十分普遍，桌面四足的断面除了方形和圆形以外，往往还做成马蹄形，可谓明式家具简洁风格的先驱。在装饰手法上也可看出宋代注重家具细部的美化，如家具腿上的多种变化，有马蹄脚、弯腿、高束腰、矮老、托泥下加龟脚，以及各种形式的雕花腿子等。宋代因高型家具的流行，人们的生活起居发生了改变，为适应新的起居方式，家具在室内的布置有了一定的格局。许多宋代画作中记载的家具布置格局有对称和不对称两种。一般厅堂在屏风前面正中置椅，两侧又各有四把椅子相对；或仅在屏风前置两把圆凳，供宾主对坐。但书房与卧室的家具布局采取不对称的方式，没有固定的格局。

辽、金、西夏时期，政治、经济上效法宋制，其家具也与两宋时期的家具极为相似，民族之间的差别要比时代之间的差别小得多。辽、金时期的高型家具，出现了一些新的结构方式，壶门和拖泥减少，仿木建筑和大木梁架构出现，桌、案方面出现的夹

头榫、插肩榫使用普遍等都成了这一时期的特点。

对于元代家具，由于历史上常认为元代统治时间短，经济、政治等方面多沿用前朝旧法，因此常把它和宋代家具放在一起称为宋元风格。但对比它们的家具风格却可以发现，元代家具有其独特的魅力和成就。在沿袭宋、辽、金风格的基础上，元代木工技术继续发展与提高，出现了抽屉桌、罗锅枨、霸王枨及高束腰等新制法；装饰题材上，动物曲线形腿脚开始运用，也使用花草纹和云纹，喜欢用起伏的曲线；造型上饱满丰富，生动奔放，具有北方家具的特点（图2-12）。

2.1.4 明式家具

中国家具发展到明朝，在制作技术与设计方面达到了中国古典家具的鼎盛时期，这一时期直至清代初期的家具均被称为"明式家具"，其主要特点可概括为选材考究、种类多样、结构精巧、造型流畅、简洁古朴。明式家具不仅在中国家具发展史中有

划时代的意义，对世界家具艺术体系也产生着举足轻重的影响。

明朝时期社会稳定、经济发达、交通便利，对外通商非常频繁。著名的郑和下西洋就发生在这个时期，成为世界航海史上的壮举，它也使中国和东南亚地区的交流更加紧密，南洋地区的热带优质木材如花梨、紫檀、红木、杞梓（也称鸡翅木）、酸枝、楠木等大量输入中国。由于家具中多采用这些硬质木材，因此这一时期的家具又称为"硬木家具"。"工欲善其事，必先利其器"，要把硬木加工成精美的家具，必须先有先进的工具。明代的冶炼技术已十分高超，制造出了大量锋利精巧、种类繁多的木工工具，如刨就有推刨、细线刨、蜈蚣刨等，锯也有多种类型。此外，在制作中，明式家具尽量保留木材的天然纹理与色彩，不过多进行油漆涂饰，常采用表面打蜡或饰以透明大漆等方式来处理，这便决定了明式家具用材考究、古朴典雅的特点。

明式家具种类多样，从功能上可分为以下六大类。

图2-11 宋代苏双臣《秋庭婴戏图》

图2-12 元代雕刻风格的闷户橱

（1）椅凳类：有官帽椅（图2-13）、圈椅（图2-14）、灯挂椅、玫瑰椅（图2-15）、交椅（图2-16）、圆凳、马扎（图2-17）、条凳、方凳（图2-18）等。

图2-13 四出头官帽椅

图2-15 螭龙纹玫瑰椅

图2-17 黄花梨卷草纹马扎

图2-14 寿字纹圈椅

图2-16 直后背雕鹰石图交椅

图2-18 直足罗锅枨劈料长方凳

（2）案几类：有香几（图2-19）、琴几、花几（图2-20）、书案、平头案（图2-21）、翘头案（图2-22）、条案、炕桌（图2-23）、方桌、供桌、月牙桌、三屉桌（图2-24）、八仙桌等。

图2-19 束腰绿石面马蹄腿香几

图2-21 夹头榫平头案

图2-23 束腰小炕桌

图2-20 镶云石六方正花几

图2-22 独板翘头案

图2-24 龙纹三屉桌

（3）橱柜类：有闷户橱（图2-25）、书橱、二联橱、三联橱、书柜、四件柜（图2-26）、角柜（图2-27）、衣箱、轿箱（图2-28）等。

（4）床榻类：有架子床（图2-29）、罗汉床（图2-30）、平榻等。

（5）台架类：有灯台、花台、镜架（图2-31）、书架、衣架（图2-32）、面盆架、承足（脚踏）等。

（6）屏座类：有插屏（图2-33和图2-34）、围屏、地屏、

图2-27 无闩杆圆角柜

图2-28 黄花梨轿箱

图2-32 黄花梨龙纹衣架

图2-25 雕草龙纹闷户橱

图2-29 六柱架子床

图2-33 红木嵌黄扬木人物故事插屏

图2-26 大四件柜

图2-30 束腰马蹄腿攒万字纹罗汉床

图2-31 黄花梨镜架

图2-34 青花人物故事纹插屏

坐屏等。

明朝时期宫殿、园林、民居大量兴建，家具需求增大，出现了与建筑空间搭配的成套家具，家具的布置与厅堂、卧室、书斋等实用功能结合，陈设手法灵活，与环境和谐统一。家具在结构上也吸收了建筑木结构的优点，整体以框架式样为主，大量采用卯榫结构，做工巧妙，坚固耐用。这一时期家具的卯榫结构丰富多样，大致包含：燕尾榫（图2-35）、长短榫（图2-36）、穿榫（图2-37）、闷榫（图2-38）等。其上部构件中桌脚与边梃的结合、角牙与横竖材的结合（图2-39），以及下部构件中脚与榫的结合（图2-40至图2-42）等都展现出明式家具制作工艺的精湛与构成形式的多样性。

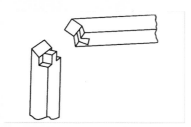

图2-35 暗燕尾榫接合

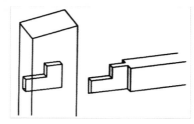

2-36 长短明榫接合

图2-37 夹角穿榫接合

图2-38 扁方平肩闷榫接合

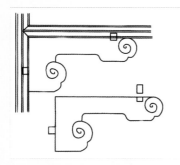

图2-39 角牙与横竖材接合

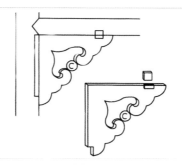

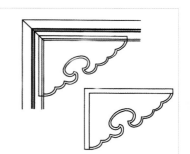

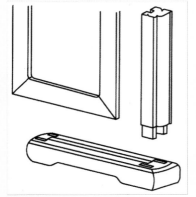

图2-40 脚与托足双榫接合

图2-41 脚与托盘双榫接合

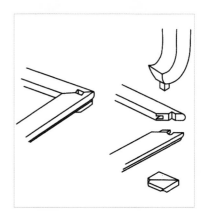

图2-42 脚与托盘方榫接合

2.1.5 清式家具

清代的家具在前期仍然继承了明代家具的结构与造型。中期以后，清式家具开始呈现出与明式家具截然不同的风格，对形式感的追求更多。特别是到康熙、雍正、乾隆三个时期，经济的繁荣为清式家具风格的形成提供了有利条件。一方面，注重雕刻装饰的广式家具盛行；另一方面，清代官方家具在统治阶级物质享受和富贵奢华思想的影响下，逐渐向追求富丽华贵、繁琐堆砌的方向发展，尺寸更加宽大，造型也更加沉稳厚重，这样风格的家具也成为宫廷、府邸等室内家具的主要组成部分（图2-43和图2-44）。

在选材用料上，清式家具与明式家具的最大不同是崇尚深色。因此，在家具用材上常选用色泽深、质地密、纹理细的珍贵硬木，尤其以紫檀为首选，其次是红木、花梨木、鸡翅木等。另外，用料讲究清一色，各种木料不混用（图2-45和图2-46）。为了保证外观色泽纹理的一致和坚固牢靠，有的家具甚至采用同一根木材制成，全无小木拼接。在选材时也十分苛刻，要求无疖无疤、无标皮、色泽均匀，稍不中意，就弃之不用。

图2-43 清紫檀高束腰三弯腿大供桌

图2-44 清背屏雕花宝座

图2-45 清紫檀雕十八罗汉几

图2-46 红木雕花太师椅成对

　　清式家具为达到富贵豪华的装饰效果，采用了当时可利用的各种装饰材料和工艺手段，甚至为装饰而装饰，连家具构件也常兼有装饰作用。这就导致了雕饰过度，忽视了家具设计实用简练的原则，也造成了清式家具格调不高的特点。在清式家具的装饰上最常见的是使用雕刻、镶嵌和描绘的手法，其雕刻工艺细致入微，以透雕最为突出，时而结合浮雕。镶嵌的运用也十分普遍，包括木嵌、竹嵌、骨嵌、牙嵌、石嵌、螺钿嵌、百宝嵌、珐琅嵌乃至玛瑙嵌、琥珀嵌等，品种丰富、流光异彩、华美夺目。其中珐琅技法由国外传入，用于家具装饰仅见于清代。描金和彩绘也是清式家具常用的装饰手法，图案上多用象征吉祥如意、多子多福、延年益寿、官运亨通的花草、人物、鸟兽等（图2-47至图2-52）。

图2-47 百宝镶嵌吉庆有余屏风

图2-49 紫檀镶嵌云石落地屏

图2-51 紫檀嵌珐琅漆面团花方凳

图2-48 金漆木雕茶橱

图2-50 五屏式黄地填漆云龙纹宝座

图2-52 紫檀嵌竹丝梅花式凳

清代晚期的家具受西方家具的影响较大，采用西洋装饰图案与手法的家具十分常见，在广式家具中反映最为突出。其主要有两种方式：一种是采用西洋家具的式样与结构，但这类家具因做工粗糙并未形成规模，难登大雅之堂；另一种是保留中国传统家具的造型结构，在装饰等部件上使用西洋的式样，为清式家具打上了多文化融合的烙印。

2.1.6 民国家具

1911年的辛亥革命推翻了中国几千年的封建统治之后，我国半封建半殖民地的状况并未得到根本改善，民族资本主义的发展仍然受到帝国主义列强的摧残。纵观我国家具的历史发展与演变，民国家具虽发展历史短暂，且不如明清家具辉煌，但仍有自身特点。只有把这一时期的家具也放入中国古典家具的范畴，才能形成一个完整的体系。可以说在中国家具历史上，民国家具既是古典家具的最终篇，也是联结现代家具的转折篇。

清末民初，受西风东渐的影响，欧洲十七世纪兴起的巴洛克风格、洛可可风格及十八世纪的维多利亚风格传入中国，传统的中国古典家具逐渐吸收融合了这些西方元素，风格形式上发生了变化。例如带有对称曲线雕饰的遮檐装饰的橱柜，涡卷纹和平齿凹槽立柱的床和桌椅，用拱圆线脚、螺纹及蛋形纹样装饰的家具相继出现（图2-53和图2-54）。总体来说，民国家具可分为四大形式，即承袭明清的"仿古式"、仿造西洋的"复制式"、中西合璧的"杂交式"和

小修小改的"改良式"。

民国时期的古典家具，在选材上有别于明清家具。一方面，社会动荡的民国时期，传统中国明清家具采用的紫檀、黄花梨、鸡翅木、铁力木等高档木材已经很难进口；另一方面，民国时期，家具早已普及，普通人家难以接受昂贵的紫檀家具，因此擅用红木的"海派家具"成为民国家具的主流。这里的红木与我们熟知的黄花梨、紫檀木不同，它并非某种木材的名称，而是含糊地把花梨木、酸枝、乌木等都包含进去，所以今天我们也常把民国家具统称为"老红木家具"（图2-55）。

由于生活方式的变化和外来家具的影响，民国家具创造出了有别于明清家具的新品种，桌台类家具中增加了低矮型茶几、牌桌、独脚园桌等木质家具；橱柜类家具中增加了床头柜、梳妆台（镜台）、玻璃门陈列柜等带有现代工业化色彩的玻璃与镜子家具（图2-56和图2-57）；坐卧类家具引进了金属家具，如铁床、铜床、铁凳和软包坐椅、沙发、弹簧床垫等（图2-58和图2-59）。

图2-53 红木靠背椅

图2-54 红木抛牙五脚圆桌

图2-55 民国老红木家具

2.2 外国古典家具

国外古典家具是现代家具设计的重要发展源头，要学习欧洲现代家具的设计风格，就不得不通过解读工业革命前手工艺设计阶段的家具风格来进行学习。和中国家具一脉相承的特点相比，欧洲家具在这一时期因各国的文化、背景和经济发展得不同，出现的家具外形与不同特定时期出现的典型艺术风格、建筑等关系十分密切。

2.2.1 西方古代家具

欧洲古代家具主要以奴隶制社会下的古埃及家具为开端，并经历古希腊及古罗马两个时期。这个历史阶段的家具对欧洲后世的家具设计有深远的影响，也可说是欧洲传统风格的基本根源。18、19世纪的西欧就开始对古希腊的建筑及家具展开了研究，特别是英、法等国都相继以希腊家具为样本进行效仿。

1. 古埃及家具

作为四大文明古国之一的古埃及，不但为后世留下了宏伟的皇宫、陵墓、神庙，还创造了辉煌的文化，并通过壁画、雕刻和墓葬为我们留下了研究古埃及人生活状态的各种器皿及家具，其家具的历史最早可追溯到第三王朝时期（约公元前2686年至公元前2613年）。到新王国时期，古埃及的家具已变得非常普遍，但像古埃及这样一个等级制度分明的国家，家具仍然是体现君主和贵族等统治阶级地位的产物，如椅子就被看成是宫廷权威的象征。十八王朝法老图坦卡蒙陵墓出土的一件黄金宝座就是古埃及最高权力的象征。这一时期的古埃及家具已经发展得非常完备，从陵墓中挖掘到的20多件随葬家具可以看出，古埃及家具的种类非常丰富，包含了床、椅和宝石箱等；家具的雕刻与装饰等技艺也都非常精湛，家具表面涂有油漆和彩绘，或用彩釉陶片、石片、螺钿和象牙作镶嵌装饰，纹样以植物和几何图案为主。其中最令人惊叹的黄金王座椅，椅腿为雕刻动物腿，两侧扶手为狮子身，靠背上的贴金浮雕是表现主人生前生活的场景，即王后正在给坐在王座上的国王涂抹圣

图2-56 红木穿衣柜

图2-58 民国真牛皮包制沙发

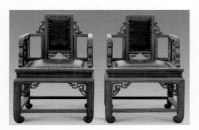

图2-59 柚木沙发式扶手椅

图2-57 红木日式镜台

图2-60 图坦卡蒙王座

图2-61 图坦卡蒙柜

油。天空中太阳神光芒四射，正好照在国王和王后的头部。人物的服饰都用彩色陶片和翠石镶成，整个场景构图严谨，表现了雕刻技术的精密程度之高（图2-60至图2-63）。

2. 古希腊家具

古希腊家具因多采用木材制作，所以现今存世的很少，少数保留下来的古希腊家具都是由金属与大理石制作。我们对古希腊家具的了解多来自于挖掘到的雕塑、花瓶图案及壁画（图2-64）。与古埃及时期相比，古希腊的家具和建筑更加平民化，家具不再被用来表现统治阶级的权力，而是为了让人感觉舒适，实现了功能与形式的统一，非常符合现代家具设计的理念。表现在家具的造型特征上即是摒弃了古埃及家具造型中的刻板及冗余，形成了自己独特的风格，为后世留下了丰富的遗产。古希腊的家具主要包括椅、桌、凳、床和长榻等。古希腊的榻造型轻盈而简洁，使用起来很方便（图2-65）。古希腊的榻一头是有头靠的，框架和四腿是用大理石或青铜制成，再镶嵌象牙、龟甲、贵重金属等作装饰。

起源于古希腊的另一家具中的代表作是"三足桌"（图2-66）和"克里莫斯椅（Klismos）"（图2-67）。"三足桌"的特点是利用三角的稳定性来支撑不规则的台面，相对于古埃及的四条腿桌子，古希腊的"三足桌"显得更轻便、更实用。"克里莫斯椅"从另一个方面反映了古希腊的桌椅制作是多么符合人机工程学，椅子靠背的弯曲弧度与人的脊椎十分吻合，椅子在肩膀的高度还有弯曲的靠背支撑，能让人的肌肉得到充分的放松。

图2-62 图坦卡蒙彩绘金饰小凳

图2-63 图坦卡蒙葬礼用床

图2-64 古希腊壁画中"榻"的使用场景

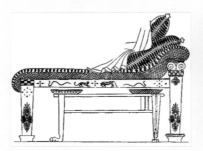
图2-65 古希腊床榻

图2-66 古希腊三足桌

3. 古罗马家具

古罗马家具被称为是有男性色彩的家具，其坚厚凝重的风格特征，是古罗马人尚武好战的精神体现。古罗马的家具可说是对古希腊艺术的传承和发扬，家具中常见的装饰方法有雕刻、镶嵌、绘画、镀金、贴薄木片和油漆等。装饰图案主要有圆雕带翼状的人或狮子、胜利女神、花环桂冠、天鹅头或马头、动物脚、动物腿、植物等。古罗马家具中较常见的图案是莨苕叶形，这种图案的特性在于把叶脉细雕慢琢，看起来高雅、自然；另外也用漩涡形装饰家具，这在后来的家具中十分常见（图2-68至图2-71）。

图2-67 克里莫斯椅

图2-68 古罗马火盆三脚架

图2-70 古罗马大理石桌

图2-69 古罗马木质沙发

图2-71 古罗马扶手椅

2.2.2 欧洲中世纪时期家具

历史上，从公元467年罗马帝国灭亡到1640年英国资产阶级革命爆发之间的时期被称为"中世纪"。基督教与罗马天主教在这一时期主宰了社会生活和大众意识形态，文化艺术成为宣扬宗教的有力工具，因此欧洲中世纪的文化艺术也被称为"基督教文化艺术"。在这一社会背景下的家具设计定会带有浓厚宗教色彩，这一时期比较典型的家具形式主要有拜占庭式和哥特式。

1. 拜占庭式家具

拜占庭作为东罗马帝国的称号，其家具主要还是对古罗马时期家具形式的一个继承，从最有拜占庭家具风格的马克希曼（Maximian）王座（图2-72）中能探寻到古罗马式样的靠背——饰以流动的树叶和水果雕刻图案，并点缀着鸟和动物。拜占庭帝国时期的经济非常繁荣，君士坦丁堡也是北非、埃及、叙利亚乃至小亚细亚等帝国的中心，在家具形式上又杂糅了这些地区的风格，并融合了波斯的细部装饰，如拜占庭风格中精致的象牙浮雕等。拜占庭式家具受建筑的影响很大，造型中常用到由建筑中衍生出的拱形，装饰纹样常用象征基督教的十字架符号，或在花冠藤蔓之间夹杂天使、圣徒以及各种动物图案（图2-73和图2-74）。

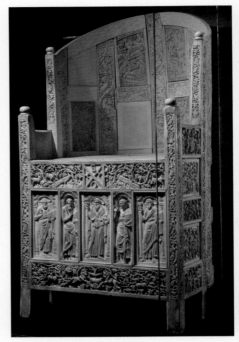

图2-72 马克希曼王座

图2-73 拜占庭式家具雕刻图案

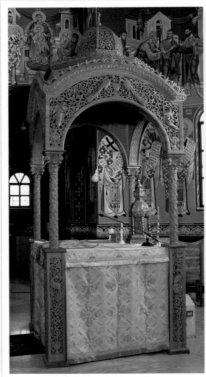

图2-74 拜占庭式家具

图2-75 哥特式建筑

图2-77 哥特风格座椅

图2-76 哥特式椅

图2-78 哥特风格桌

2. 哥特式家具

哥特式家具不论是从造型上还是风格上都是对哥特建筑的再现和模仿，如尖顶、尖拱、细柱、垂饰罩、连环拱廊、线雕或透雕的镶板装饰等。特别是哥特式教堂中的家具，如主教的座椅、唱诗班的座椅及信徒做弥撒的家具等，都与整体教堂的室内特征和氛围相协调，可以说哥特式建筑与哥特式家具共同组成了哥特艺术（图2-75和图2-76）。哥特式家具结构复杂，采用直线箱形框架嵌板方式，嵌板是木板拼合制作，上面布满了精致的雕刻装饰。哥特式家具几乎每一处平面空间都被有规模地划成矩形，矩形内或是火焰形窗花格纹样，或是布满了藤蔓花叶根茎和几何图案的浮雕，这些纹样大多具有基督教的象征意义，非常华丽精致（图2-77和图2-78）。

哥特式家具与拜占庭式家具一样，也是特定历史时期下宗教统治的产物，是封建中世纪伟大、光辉的艺术成就，是罗马式文化艺术的更高发展，为后来的文艺复兴时期家具奠定了坚实的基础。

2.2.3文艺复兴时期家具

　　文艺复兴运动是14世纪发端于意大利各城市的一场带有人文主义色彩的运动，是人们对黑暗中世纪思想禁锢的反抗，是一场学习古希腊、古罗马的运动，这些思想逐渐传播到德国、法国、英国、荷兰等欧洲其他国家，使整个欧洲在建筑、绘画、雕塑乃至家具方面都取得了新的成就。

　　文艺复兴时期家具的主要特征包括外形厚重端庄，线条简洁严谨，立面比例和谐，采用古典建筑装饰等（图2-79至图2-81）。在早期，家具多表现生活场景和古典神话，装饰上比较简练单纯，雕刻为浅浮雕，材料以胡桃木为主。中期家具主要以模仿古罗马的形式为主，装饰图案主要表现人体美或兽足，雕刻形式转向深浮雕和圆雕。到了晚期，装饰图案更多地包含了蔓藤花环和彩绘人物，并吸收了哥特风格的一些装饰形式，形成高雅优美的特色。

2.2.4 巴洛克家具

　　文艺复兴风格经历了16世纪末期的逐渐蜕变之后，在欧洲演变为一种宫廷式的巴洛克风格，表现在家具上就称为巴洛克家具。巴洛克虽源于意大利文艺复兴，但并不是文艺复兴的古典式，而是一种热情奔放的浪漫主义风格。巴洛克风格的住宅和家具设计真实且富有情感，更加适合生活的功能需要和精神需求。巴洛克家具的最大特色是将富于表现力的装饰细部相对集中，简

图2-79 文艺复兴时期橱柜

图2-80 文艺复兴时期矮脚柜

图2-81 文艺复兴时期椅子

图2-82 巴洛克风格的室内装饰

化不必要的部分而强调整体结构，在家具的总体造型与装饰风格上与巴洛克建筑、室内的陈设、墙壁、门窗严格统一，创造了一种建筑与家具和谐统一的整体效果（图2-82）。

意大利的巴洛克家具17世纪以后发展到顶峰，家具是由家具师、建筑师、雕刻家手工制作的。家具上的壁柱、圆柱、人柱像、贝壳、茛苕叶、涡卷形、狮子等高浮雕装饰，精雕细琢的细木工制作，是王侯贵族生活中高格调的贵族样式，是家具艺术、建筑艺术和雕刻艺术融合为一体的巴洛克艺术，极其华丽、多姿多彩（图2-83和图2-84）。在意大利出现的巴洛克风格席卷了整个欧洲大陆，不同国家的巴洛克风格各具特点，如法国巴洛克家具又叫路易十四式家具（图2-85至2-88），材料上使用胡桃木、橡木，并在家具上镶嵌龟甲和铜饰片，在家具的边角上采用包铜处理，典型的纹饰有神话人物、螺纹和花叶纹。

图2-83 意大利巴洛克风格绘画桌

图2-84 意大利巴洛克座椅

图2-85 路易十四式女士桌

图2-86 路易十四式橱柜

图2-87 路易十四式台桌

图2-88 路易十四式玳瑁写字桌

2.2.5 洛可可家具

18世纪30年代洛可可风格逐渐代替了巴洛克风格，这种风格源自法国并很快遍及欧洲。由于这种新兴风格成长在法王"路易十五"统治的时代，故又可称为"路易十五风格"。洛可可（Rococo）是法文"岩石"（Rocaille）和"蚌壳"（Coquille）的复合文字，意思是这种风格多以岩石和蚌壳装饰为特征。洛可可家具的最大成就是在巴洛克家具的基础上进一步将优美的艺术造型与功能的舒适效果巧妙地结合在了一起，形成完美的工艺作品。特别值得一提的是家具的形式和室内陈设、室内墙壁的装饰完全一致，形成一个完整的室内设计的新概念。洛可可家具通常以优美的曲线框架配以织锦缎，并用珍木贴片、表面镀金装饰，这样不仅在视觉上形成极端华贵的整体感觉，而且在实用和装饰效果的配合上也达到了空前完美的程度（图2-89）。

中国的装饰风格在欧洲洛可可风格中扮演了重要的角色。法国从中国瓷器以及桌椅橱柜等造型曲线中吸取了灵感，墙面的曲线也含有东方花鸟纹样的生命气息。大自然中的贝壳同莨苕叶饰相缠绕形成涡形花纹，上面布满了花朵，轻盈飞舞有如流水般的曲面与曲线非常精致优美。因此，洛可可家具以华丽轻快、精美纤细的曲线著称。这种艺术风格，充分反映了法国统治阶级宫廷空虚与腐朽的享乐生活。同时，由于法国在欧洲的先进地位，使欧洲的其他国家也出现了这种艺术风格，以致形成了18世纪中期在欧洲占统治地位的洛可可式的艺术形式。欧洲各国的洛可可家具有其各自不同的特色：法国洛可可家具柔软优美，英国洛可可家具轻巧典雅，意大利洛可可家具精致柔美，德国洛可可家具精巧华丽，荷兰洛可可家具严谨端庄，俄国洛可可家具精密鲜明，斯堪的纳维亚洛可可家具典雅优美（图2-90至图2-93）。

图2-89 洛可可风格的室内

图2-90 洛可可式小立柜

图2-92 洛可可式大理石面台桌

图2-91 洛可可式手绘镀金梳妆台

图2-93 洛可可式穿衣围屏

2.2.6 新古典主义家具

18世纪后期因巴洛克式样和洛可可式样的泛滥，许多人认为这种过度装饰的风格既繁琐又矫揉造作，违背了古埃及、古希腊风格的理性原则，因此新古典主义作为新的艺术风格登上了历史舞台。

新古典主义家具（图2-94至图2-96）的发展大致可分为两个时期。第一个时期是在18世纪后半叶出现的包括英国亚当、赫伯怀特和谢拉顿、美国的联邦家具以及意大利、德国、俄国等家具样式，都被称为法国路易十六式。新古典主义家具在这个阶段的特点是并不纯粹照搬古典主义，而是对古典主义进行改良，在造型设计上不仿古也不复古，而是追求古典家具中理性有序的结构和简洁的形式，放弃了巴洛克和洛可可中的曲线结构和虚饰，强调结构中的水平与垂直，为更加符合实际使用，在外框结构上多采用长方框形。该类家具的表面装饰上也抛弃了镀金饰件的使用，改用拼木镶嵌涂漆的手法；装饰图案多采用古典的纹饰，如檐饰、柱式、花绶、茛苕叶、月桂叶、棕榈叶等纹样。

第二个时期流行于19世纪前期，以拿破仑式家具为代表，遵循严格的对称法则，展现王权的威严并极力模仿古希腊、古埃及的艺术形式，被称为帝政式家具风格（图2-97至图2-99）。该类家具上的主要图案有埃及金字塔、狮身人面像、荷花、棕叶，罗马的茛苕叶、忍冬叶、月桂、鹰、狮首、狮爪等；装饰配件部分以铜饰为主，结合雕刻、彩绘、贴金、镶木、旋木等。

图2-94 路易十六式大理石台面柜

图2-95 路易十六式写字桌

图2-96 路易十六式扶手椅

图2-97 拿破仑式鎏金镶铜柜

图2-98 拿破仑式木制漆金沙发

图2-99 拿破仑式珐琅金铜柜

CHAPTER 3

现代家具设计及主要大师作品

通过介绍工业革命后到近现代时期具有典型代表的家具设计大师和主要流派的作品，来呈现现代家具设计的主要特征。

▌课题概述

本章主要从三个方面介绍了现代家具设计，即现代主义萌芽时期的有代表性的人物及其家具作品；第二次世界大战之后，北欧、美国、意大利三个有代表性的国家的家具；近现代多元化时期的家具风格。

▌教学目标

通过本章学习，应该了解现代主义家具萌芽的时期，以及在这个时期中有哪些具有代表性的人物及主要家具作品。学生还应该清楚从二战之后到近现代的家具在不同国家有什么特点，并知道在这个时期出现了哪些影响家具设计的主要流派及他们的代表作品。

▌章节重点

掌握不同时期现代家具的代表人物和代表作品，明确不同流派、不同国家在二战后家具设计的特点。

3.1 现代主义萌芽时期的家具设计

现代主义萌芽时期的家具设计,主要通过对工业革命后出现的著名设计大师及主要风格流派的家具设计代表作进行解读,来展示这一时期家具的典型风格。

3.1.1 迈克尔·托耐特

18世纪工业革命之后,机器大生产的出现刺激了手工艺制作向批量生产的快速转变。在经历了工艺美术运动等现代设计的探索阶段之后,人们不再满足于盲目抄袭旧有式样的矫饰浮夸的制品,为适应新的时代和新的生产方式,工业、技术与设计进行了变革。家具作为时代发展过程中的重要组成部分也进入了现代主义萌芽期。最早进行现代家具设计、生产和制造的是曲木家具创始人奥地利的迈克尔·托耐特(Michael Thonet)。他生于莱茵河畔的制革匠之家,后成为木工学徒,并于1819年建立了自己的家具作坊。19世纪30年代,他开始研究曲木技术,并在1836年成功制造了博帕德椅。1850年,采用染成黑色的山毛榉作为材料的"托耐特1号椅"问世(图3-1)。1851年的伦敦世博会上,他的"维也纳曲木椅"获得了铜奖,1855年的巴黎世博会又被授予了银奖,证明了国际家具界对他的认可。1856年,迈克尔·托耐特开发了弯曲实心山毛榉的技术,并获得了专利。这种椅子的独特之处在于利用蒸汽加热木材,使其弯曲成所需要的形状,各构件之间易于拆装,运输也变得非常方便,获得了全世界的赞誉,这一技术至今仍在继续使用并不断创新。1859年,托耐特为欧洲新兴的咖啡店设计制造了著名的"14号椅"(图3-2),这把椅子是由六块木材和螺丝组装而成的,获得了1867年巴黎世博会金奖。到1930年,这把椅子累计销售了5000万件,成为早期大规模机器生产的先例。因为大规模加工的成功和价格低廉等优势,1900年之后,曲木技术被美国的家具制造业广泛使用,为后期的工业生产奠定了基础。

3.1.2 麦金托什

查尔斯·雷尼·麦金托什(Charles Rennie Mackintosh)出生于苏格兰格拉斯哥,是著名的建筑师、设计师和艺术家,是格拉斯哥学派的领袖人物,也是工艺美术时期与现代主义时期的一个重要人物,在设计史上具有承上启下的作用和意义。工业革命期间,格拉斯哥是全球最大的重型机械和造船业的中心之一,随着城市的发展和繁荣,生产商必须要及时适应需求量不断增大的消费品和艺术品市场,在这样的环境中工业化和大批量生产开始得到普及。随着工业革命的到来,亚洲风格和新兴的现代主义思想不断影响着当时的设计师。格拉斯哥作为一个工业城市,与东部国家的联系变得紧密。同时,一个新的哲学理念传遍欧洲,即所谓的注重功能性与实用性的现代主义思想。现代主义运动的主要思想是发展新观念和新技术,并且在设计中关注的是现在和未来,而不是简单的承袭历史,设计上抛弃了繁琐的纹饰和对传统式样的模仿。在这样的环境下,麦金托什在工艺美术运动的特点与日本艺术形式的简单融合中找到了灵感并确立了自己的风格,即坚硬的直角和有纤细曲线的花卉装饰图案之间的对比。例如在一些传统苏格兰建筑中使用了玫瑰图案,这种设计风格提高了麦金托什在格拉斯哥艺术学院的国际声誉。麦金托什也受到维也纳的"分离派"的影响。与其他新艺术流派相比,"分离派"成员在设计中加进了新艺术运动风格中较少见的直线和简洁的几何造型,并把几何形态作为主要造型语言运用在家具设计中,这标志着欧洲设计由传统向现代迈出了重要一步。

麦金托什在家具设计和建筑设计上经历了20多年的辉煌创作期,后因建筑设计上并未受到太多关注,而把精力完全转向了家具设计与织物设计。他一生中设

图3-1 托耐特1号椅

图3-2 托耐特14号椅

计了大量具有几何形态和高直风格的家具（图3-3至图3-5）以及其他家用产品，如梯形靠背高达140厘米的椅子、涂刷白色油漆的陈列橱、圆桌、床等，这些作品都体现着他洗练的审美意识。

高靠背椅是麦金托什几何形态家具设计的典型代表。这些著名的椅子没有任何繁琐的具象装饰，只是运用结构语言和规整的几何形态来表达他的风格。为了缓和刻板的几何形式，他常常在

油漆的家具上绘出几枝程式化的红玫瑰花饰，以弥补视觉上的缺陷。但从实习功能上讲，这些椅子一般坐起来都不太舒服，并常常暴露出实际结构的缺陷，而且制造方法上也无技术性创新。

3.1.3 风格派

风格派（De Stijl）是荷兰的一场艺术运动，发起于1917年。风格派源于荷兰籍画家、设计师、作家和评论家特奥·凡·杜斯堡（Theovan Doesburg）出版的《风格》杂志。风格派主要成员包括画家彼埃·蒙德里安（Piet Mondrian）、巴特·凡·德莱克（Bart van der Leck）和建筑师格里特·里特维尔德（Gerrit Rietveld）等，他们在杂志上讨论并宣扬他们的思想。风格派的支持者试图表达一种新的代表有序与和谐精神的乌托邦式的理想，他们主张抛开事物的细节，用纯粹的抽象以减少形式和颜色的必要性，并把图案简化为平直的线条。风格派对于世界现代主义的风格形成产生了很大的影响，它的简单的几何形式、以黑白灰为中性色的色彩计划、它的立体主义形式和理性主义形式的结构特征，在第二次世界大战之后成为国际主义风格的标准符号，而在荷兰的现代设计中，它的痕迹也随处可见。

风格派中在家具设计上最有影响力的是里特维尔德。他在8岁时便师承其父制作家具，20岁开始学习建筑，深受工艺美术运动的影响。1918年，里特维尔德开设了自己的家具厂，在风格

图3-3 靠背椅

图3-4 麦金托什桌

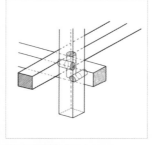

图3-7 红蓝椅连接形式

图3-5 麦金托什"柳椅"　　图3-6 红蓝椅

派的影响下,于1971年设计了著名的符合标准化大规模生产的红蓝椅(图3-6),可说这件作品是对蒙德里安画作的三维立体化延伸。在这把椅子的设计中,座位和靠背部分是单独的木板,这两块板由10厘米厚的模块化的木框承托,座面和椅背用螺丝连接到木框上,所有连接桌椅的机械构件都被很好地隐藏在木框内部(图3-7)。70°弯曲的红色靠背和10°弯曲的座面为身体的平衡提供了很好的支撑。里特维尔德的红蓝椅在《风格》杂志上刊登之后,引起了广泛的关注,被视为第一把真正意义上的现代主义的椅子,对包豪斯时代的几位大师都产生了极大的影响。

3.1.4 包豪斯

包豪斯(Bauhaus)是沃尔特·格罗皮乌斯(Walter Gropius)在1919年于德国魏玛创办的,是一所结合了工艺和美术的设计学院,在纳粹政党的压迫下,于1933年关闭。包豪斯是第一所为现代设计成立的学校,它的设立标志着现代设计的诞生。它提出的简化形式、功能性、理性等设计理念和方法非常符合工业生产的要求。在学校开办期间,许多优秀的设计大师在此任教,如勒·柯布西耶(Le Corbusier)、密斯·凡·德罗(Mies van der Rohe)、马塞尔·布劳耶(Marcel Lajos Breuer)等,他们设计的家具已经成为现代设计的典范,影响了后世一批又一批的设计师。因此,在现代主义运动中,包豪斯占有举足轻重的地位。

1. 沃尔特·格罗皮乌斯

沃尔特·格罗皮乌斯出生于德国柏林,被誉为现代建筑的创始人之一。他曾就读于慕尼黑和柏林的理工学院建筑学科,毕业后在彼得·贝伦斯(Peter Behrens)事务所工作,与密斯·凡·德罗、勒·柯布西耶等成为同僚。3年后,格罗皮乌斯离开了贝伦斯事务所,与阿道夫·迈耶(Adolf Meyer)在柏林合伙开办建筑事务所,除了设计家具和壁纸外,他们还设计汽车甚至内燃机等。"法古斯工厂"项目成为格罗皮乌斯这一时期最著名的设计。这个建筑是由玻璃和钢建造而成的,成为当时建筑结构中最权威的作品。1919年包豪斯成立之后,格罗皮乌斯被任命为负责人。

格罗皮乌斯除了在建筑上取得了卓越的成就外,还有许多经典的家具作品(图3-8至图3-10),朴实、严谨、简练是他设计风格的特点。

2. 密斯·凡·德罗

密斯·凡·德罗是现代建筑的先驱者之一,他在设计中推崇"少即是多"的原则。1886年,密斯·凡·德罗生于德国亚琛的石匠家庭,他未受过正规的建筑训练,曾在当时最领先时代的建筑先驱彼得·贝伦斯事务所工作3年,1930年成为包豪斯的第三任也是最后一任校长。密斯使用新的工业技术设计的几件现代家具被奉为经典,如

图3-8 F51休闲椅

图3-9 期刊柜架

图3-10 D51系列椅

1929年为欢迎西班牙国王夫妇访问在巴塞罗那举行的万国博览会的德国馆而设计的巴塞罗那家具（图3-11和图3-12），以及为捷克人图根哈特夫妇（Tugendhats）设计的布尔诺椅（图3-13）等。他的家具做工非常精细，常采用有豪华感的材质如皮革结构、镀铬的框架结构，还在家具中使用悬空感的框架式结构增加家具的轻盈感（图3-14至图3-16）。

3. 勒·柯布西耶

勒·柯布西耶是20世纪最有影响力的建筑师之一，是现代建筑的先驱者之一，他在50年的职业生涯中，致力于为拥挤的城市居民提供更好的生活条件。勒·柯布西耶出生于瑞士小镇，年轻时和他的父亲一样学习了金属雕刻艺术，后进入贝伦斯事务所从事建筑设计，同时在此了解了工业生产的过程并学习了机械设计。勒·柯布西耶认为房子是

"居住的机器"，而家具等工业产品也是其中的一部分，家具即是设备，它们在建筑中应扮演功能性的角色。本着这一精神，他设计了被世人尊称为"机器美学典范"的系列钢管家具，如著名的"吊椅"（图3-17）、"躺椅"（图3-18）等。勒·柯布西耶家具的每一个细节都表现出其作为休闲机器的功能，可让用户选择最舒适的姿势，对人体做出最佳的承托（图3-19和图3-20）。

图3-11 巴塞罗那椅

3-12 巴塞罗那床

图3-13 布尔诺椅

图3-14 四季吧台椅

图3-15 躺椅

图3-16 可调式躺椅

图3-17 躺椅

图3-18 躺椅

图3-19 旋转椅

图3-20 大安逸椅

43

4. 马塞尔·布劳耶

马塞尔·布劳耶1902年生于匈牙利佩奇，被认为是20世纪最伟大的建筑师和家具设计师之一。1920-1928年，布劳耶在讲授现代主义设计与技术原理的包豪斯学校学习和任教，在此期间他学习了木工技术，后被任命为包豪斯木工车间主任，在学习期间就制作了"非洲椅"和"板条椅"。对他来讲，一件家具是不能随意构造的，只有成为人们生活环境的一个组成部分时，才能体现出它的个性，只有在使用过程中，才能变得有意义并使设计完美起来。

布劳耶十分擅长处理家具设计中钢管与其他材料的结合。1925年，他设计制作了最著名的作品"瓦西里椅"（图3-21），灵感来自于自行车车把。椅子的框架为抛光、弯曲并镀镍后的钢管，座面使用黑色帆布或皮革，至今这把椅子仍在大量生产。在此之后，布劳耶又接着设计制作了钢、铝结合的家具和胶合板家具等（图3-22和图3-23）。

3.2 第二次世界大战后的家具设计

二战之后，设计不再是奢侈品，主要为满足现实和重建服务，更多优秀的设计师在这个时期投入到家具与室内设计中。在一些国家，设计被认为是自强自立的必要手段，美国、日本、瑞士等把生产的重点放在技术上，强调机器的效率；意大利、北欧等国家把未来寄托在创造美好生活的理想上，尝试用设计创造出稳定和谐的社会环境。

3.2.1 北欧国家

北欧主要包括挪威、瑞典、芬兰、丹麦、冰岛5个国家，以及法罗群岛，主要位于斯堪的纳维亚半岛及其附近岛屿。北欧设计，即我们常说的斯堪的纳维亚设计，在现代设计运动中有自己鲜明的特点，特别是二战之后成为了世界上最具影响力的设计风格流派之一，主要包括欧洲北部四国挪威、丹麦、瑞典、芬兰的室内与家具设计。

图3-21 瓦西里椅

图3-22 塞斯卡侧椅

图3-23 咖啡桌

图3-24 简练舒适的北欧家居

北欧各国树木资源丰富，森林覆盖面积大，木材加工技术成熟，设计审美以表现木材的原貌为主，没有多余的装饰。在北欧家具中，很难找到意大利、法国设计的奢华。虽然北欧国家在地理位置、语言、文化、经济等方面与他国有很大的不同，但他们的设计却受到全世界的首肯，这和北欧朴实简练，贴近自然、追求以人为本和功能主义的设计风格是分不开的（图3-24）。

北欧的多民族特色也造就了各国的现代家具不同的发展特色，瑞典在20世纪20年代及30年代产生了瑞典式的现代设计；丹麦在50至60年代的设计代表了高品质；之后芬兰、挪威等国的设计也在20世纪60年代前后取得了长足的发展。

1. 丹麦

作为斯堪的纳维亚群岛上面积不足5万平方公里的小国，丹麦的气候异常寒冷，每年的冬季都特别漫长。正因为如此，丹麦人希望通过设计创造出温馨舒适的人居环境，从建筑、室内到家具都展现出一种精致的生活情调，家具中讲究采用木材、皮革、藤条等天然材料。20世纪初以来，丹麦的现代家具设计在国际上获得了很高评价，这和丹麦的设计不断追求高品质，力求达到材料、色彩、功能的平衡是分不开的。丹麦有很多优秀的设计师，他们从传统入手，在设计中关注人的需求，逐渐成为享誉国际的家具设计大师，在此我们仅介绍两位作为参考。

安恩·雅各布森（Arne Jacobsen），生于丹麦首都哥本哈根，他是20世纪最具影响力的北欧建筑师和工业设计大师之一，丹麦国宝级的设计大师，北欧的现代主义设计之父，是"丹麦功能主义"的倡导人，也是最早把现代主义观念引进丹麦的建筑师。雅各布森最著名的家具包括模压胶合板固定在三条镀铬钢管上的"蚁椅"（图3-25），使用化学合成材料制成的、如雕饰艺术品般的"蛋椅"（图3-26）、"天鹅椅"（图3-27）等。

图3-25 蚁椅

图3-26 蛋椅

图3-27 天鹅椅

汉斯·J.威格纳（Hans J.Wegner），出生于工匠家庭，和许多丹麦家具设计师一样，威格纳曾接受过木工训练，并成为出色的木匠，这些木工基础为其后来成为家具设计大师打下了坚实的基础。威格纳1936年进入哥本哈根工艺美术学校学习设计。二战时期进入雅各布森的建筑事务所负责室内和家具设计，在此期间完成了大量的作品。他的设计注重细节，追求完美，风格简练，椅子的结构稳定性极佳。威格纳一生完成了超过500张椅子，被称为"椅子大师"，其中最名声显赫的两款家具设计包括通过简化中国明式家具设计出的"古典椅"（图3-28）和由实心柚木制成、椅背如展开的孔雀尾形状的"孔雀椅"（图3-29）。

2. 芬兰

芬兰地处欧洲边缘的地理位置决定了这个国家在设计思想中受巴洛克、洛可可风格的影响很小，因此在建筑、室内及家具设计上能保持自身朴实自然的设计格调。芬兰在20世纪初成为了现代设计的代名词，芬兰设计师总是本着功能实用、美感创新和以人为本的设计风格，是功能主义的设计。芬兰的家具设计起步较晚，20世纪初才进入所谓的"现代时期"。当时出现了一批具有全球性影响的建筑师、设计师，如阿尔瓦·阿尔托（Alvar Aalto）、艾洛·阿尼奥（Eero Aarnio），他们创作出了具有"民族浪漫主义"色彩的建筑、家具作品。从20世纪20年代末

开始的50年里，芬兰的现代家具设计进入了具有历史意义的大师时代。期间大师辈出，成就非凡，对北欧及世界的现代家具设计产生了极其深远的影响。

阿尔瓦·阿尔托1898年生于芬兰小镇库奥尔塔内，1921年毕业于赫尔辛基工业专科学校建筑学专业。阿尔托作为芬兰民族化、情感化设计的倡导者，创作领域从建筑、规划到室内、家具及日用品。他的家具有相当高的艺术自我表现力，蕴含着温馨、亲切、优雅、人文的情调，既有品位，又能保持大众化，是真正现代设计的杰作。阿尔托对20世纪家具做出的贡献很多，其中将多层单板胶合起来，然后模

压成胶合板而设计出的创新型休闲椅最为出色（图3-30）。他在1954年设计的凳子，利用微妙而精巧的技术有机地创造出一种非常漂亮的扇形足，最大程度地实现了结构和材料的美感，这也是阿尔托另外一件被世人称赞的杰作（图3-31）。

芬兰著名的设计大师艾洛·阿尼奥，20世纪60年代以设计制作塑料和玻璃纤维家具闻名。艾洛·阿尼奥1932年出生在赫尔辛基，后在赫尔辛基工业艺术学院学习，1962年成立了自己的设计师事务所。次年，他推出了家具史上著名的"球椅"（图3-32），这张由玻璃纤维制成的球形椅子在前部开口，内部填

图3-28 威格纳设计的中式"中国椅"

图3-30 休闲椅

图3-29 孔雀椅

图3-31 阿尔托凳

图3-32 球椅

充软垫，可供一个人使用。其后他又用相同的材料和构思设计了看似像三个番茄的形态合成的"番茄椅"（图3-33）和悬挂在空中的"气泡椅"（图3-34）等。艾洛·阿尼奥在设计中多使用简单的几何形体，并偏爱鲜亮的色彩，可以说是20世纪60年代流行文化的代表。

3. 瑞典

二战之后，北欧受现代主义的影响，设计进入黄金时期。作为北欧诸国中最早出现设计的瑞典，和其他北欧国家相比，同样十分重视和自然的关系，家具的色彩淡雅，线条简洁，最常见的材质仍是木头。瑞典因为社会文化的关系，设计上没有阶级性，推崇为大众服务。为普通人设计的精神，因此北欧家具品牌总是具备合理的价格、优良的品质和设计，宜家（IKEA）家具就是最好的例子。

作为世界知名的家具品牌，宜家于1943年创建于瑞典。迄今为止，宜家的产品系列都是在瑞典开发出来的，所以宜家的家具产品完全反映了20世纪初以来的瑞典风格，这种风格更像一种清新、健康的生活方式的代表。"为大多数人创造更加美好的日常生活"以及"为尽可能多的顾客提供他们能够负担的、设计精良、功能齐全、价格低廉的家居用品"是宜家秉承的理念。宜家产品系列与精美小众的家具相比既美观又注重功能性、严谨性和朴实性，虽然不是最流行的，但却是现代的、实用的，并且是以人为本、以满足大众为本的（图3-35）。

3.2.2 美国

二战爆发之后，许多欧洲著名设计大师为躲避纳粹的迫害，流亡到美国，为还处于装饰艺术中的美国设计带来了现代主义的思想，对美国的家具设计是一个重大的促进。二战之后受到欧洲设计影响的美国家具获得了极大的发展，在家具设计教育方面也出现了克兰布鲁艺术学院、罗德岛设计学院等知名的设计院校，学生可以在设计能力、设计理论、设计美学、设计功能等方面得到全方位的锻炼，师生的设计作品也常在各类国际设计展中亮相。

可以说，美国社会的开放性和包容性是美国设计成功的重要原因。虽然20世纪初欧洲设计大师带来了现代主义设计，之后斯堪的纳维亚风格也进入了美国，但都没有像在欧洲一样，形成一家独大的局面。美国的现代主义设计是融合了多个国家多个

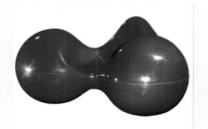
图3-33 番茄椅

图3-34 气泡椅

图3-35 宜家家具与室内展示

图3-36 胶合板椅

图3-37 伊莫斯休闲椅

民族的文化特色，吸纳接受了各种风格而最终取得成功的。在这样的坏境中，美国富有才华的青年家具设计师如查尔斯·伊莫斯（Charles Eames）、埃罗·沙里宁（Eero Saarinen）等开始脱颖而出，他们常结合已有的材料与手法，对当时的流行风格进行再创造。

查尔斯·伊莫斯是美国著名的家具设计师、玩具设计师、电影导演。1940年他与小沙里宁合作设计了胶合板椅（图3-36），获得了巨大的成功。这种椅子将层压木压模压成复杂的曲线后再采用循环焊接将木材和金属连接。这些革命性的设计对后世家具设计的影响很大，在世界范围内被广泛采用。查尔斯·伊莫斯一生设计了许多优秀的家具作品（图3-37至图3-39），20世纪60年代他还设计了生铝铸造的陈列椅，同时还设计了许多储物柜和桌具等。伊莫斯的胶合板椅给整个世界带来了全新的坐卧方式，是20世纪最伟大的坐具设计之一。

埃罗·沙里宁出生于著名的设计家庭，母亲是雕塑家，父亲是建筑师。埃罗·沙里宁一生从事建筑与家具设计，是20世纪著名的芬兰裔美国建筑师和设计师。他的家具多以有机的形态呈现，作品包括融合玻璃钢、泡沫垫、织物等多种材料的"子宫椅"（图3-40），被世人熟知的"郁金香椅"（图3-41）等。

3.2.3 意大利

作为文艺复兴的发源地，意大利把设计看成是一种哲学。意大利的设计历史非常悠久，但被世界认可是在20世纪50年代之后。二战之后意大利能在很短的时间内走出战争的阴霾，迅速在产品、服装、家具、汽车等领域获得世界的认可，在废墟上建立起一个工业大国，与意大利民族创造性的思维和艺术才能是分不开的。意大利的家具工业在世界范围内都非常有名，三年一次的米兰国际家具展不但促进了整个意大利的现代设计行业的发展，还使米兰成为了全球性的设计中心。在意大利有许多建筑师和设计师投身到家具行业，他们强调个性的表现，成为明星式的设计师，并在设计产品上标注名字来提升家具的设计附加值，这样的"明星效应"是意大利设计的一个特点。

古奥·庞蒂（Gio Ponti），1891年出生于米兰，是意大利最重要的建筑师、工业设计师、家具设计师、艺术家和20世纪的出版商之一。1918-1921年，他在米兰学习建筑学，广泛参与了建筑、室内、家具、灯具、包装、展示及玻璃等领域的设计。庞蒂曾为120家工作室工作，为13个城市进行过建筑设计，他的设计不拘一格，常将风格冲突的元素结合在一起，这和他多年积累的丰富设计经验有关。1950年，古奥·庞蒂的精力转向工业设计和家具设计，他在这个领域最成功的设计是1953年为卡西纳公司设计的扶手椅和著名的"超轻型"椅子（图3-42）。

图3-38 伊莫斯软垫系列

图3-40 子宫椅

图3-39 金属丝椅

图3-41 郁金香椅

和其他国家的家具生产相比，意大利家具企业的生产规模较小，这样在设计上的灵活性反而较大，因此家具的设计精美，变化也较多。到50年代中期前后，意大利的家具已经成为世界最杰出的家具之一，代表了丰裕的、都市化的风格，成为一种现代生活方式的写照。如邀请古奥·庞蒂设计过"超轻型"椅的意大利Cassina公司，是意大利久负盛名的当代家具设计制造商，是引导意大利现代家具设计和生产的重要机构。Cassina公司制作的家具，选材严格，木工工艺精湛，工艺制作程序考究，把典型与传统的工艺与不断进步的技术结合起来。即使在20世纪50年代，世界家具生产进行设计

革新的时候，Cassina一贯坚持的设计理念不但没有因此受到冲击，反而获得了更迅速的发展。古典艺术与现代工业工序的结合使得卡西纳在沙发、扶椅、床和家具部件等的设计制造上达到了一个更高的水平（图3-43至图3-46）。

3.3 多元化时代的家具设计

20世纪60年代之后，设计开始往多元化方向发展，后工业社会多样性的市场反映了不同的消费需求。家具设计也必须以多样化的战略来应对这种局面。在这样的背景下，60年代中期，国际上兴起了"波普风格"、"后现代主义风格"、"高技术风格"等形形色色的设计风格和流派，在这样的氛围下家具设计也向多元化发展。

3.3.1 波普风格

波普艺术（Pop Art）是出现在20世纪50年代中期的英国和20世纪50年代末期的美国的一场国际性艺术运动。波普艺术是向传统艺术和流行文化提出的挑战，在波普艺术中常把不相关的元素、材料相结合，导致这种风格更加偏向形式主义，反映了

图3-42 古奥·庞蒂的"超轻型"椅子

图3-43 Cassina座椅图

图3-44 Cassina布面料扶手椅

图3-45 翻转扶手椅

图3-46 乌得勒支单人沙发（Utrecht Armchair）

战后年轻的消费群体对新生事物的喜爱，对大众文化的接受和标新立异、追求个性的心理。波普设计实际上是随着当时社会形态变革而出现的文化现象，波普风格的设计喜欢追求生活中通俗的形式、色彩和结构，设计中强调新奇与独特，强调图案的装饰和材料的创新等，是一种大众化和市民化的风格。在波普风格影响下的家具设计也同样是反传统的，设计师不再受现代主义设计的束缚，造型、色彩等元素也不再服务于功能，家具中表现得更多的是活泼、流行、新颖和富有视觉冲击力的特征（图3-47和图3-48）。

3.3.2 后现代主义

后现代主义（Post Modernism）思潮是新一代设计师对理性化、机械化、缺乏人情味的现代主义设计的反叛，是对现代主义思维方式和价值观发出的反抗与颠覆。与理性斗争是后现代主义审美的核心价值观。后现代主义反映到家具设计上表现为抛弃现代主义"少就是多"的观念，设计时常运用新手法对传统元素进行重新组合、叠加，强调家具设计的多元性和个性，因此我们常看到后现代主义家具形式奇特、色彩艳丽、结构暴露（图3-49至3-53）。

Memphis设计集团是后现代主义时期意大利的著名设计团体，以否定现代主义设计而成为影响西方社会设计潮流的一股力量，是国际公认的后现代主义设计的代表。1980年，Memphis设计集团由著名设计师索特萨斯

图3-47 儿童椅

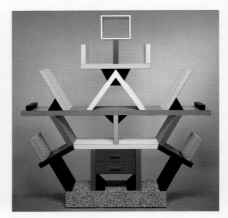

图3-49 卡尔顿房间搁架

图3-48 棒球手套椅

图3-50 大溪地台灯

图3-51 后现代充气扶手椅

图3-52 TUBE椅子

图3-53 普鲁斯特座椅

（Ettore Sottsass）和7位年轻设计师组成。1981年，在米兰家具展览上，他们的系列家具设计因亮丽的色彩和活泼的造型一举成名。Memphis的设计充满黑色幽默，与70年代缺乏个性的简约的设计相比，Memphis的设计总是明亮、鲜艳并令人震惊，他们在家具的颜色上不像欧洲家具一样总是采用深黑色或棕色。在材料的运用上，Memphis设计也非常突破传统，如采用聚氨酯树脂贴面板、浸渍纸贴面板等经过特殊设计的材料，这也形成了Memphis独特的材料质感（图3-54至图3-55）。

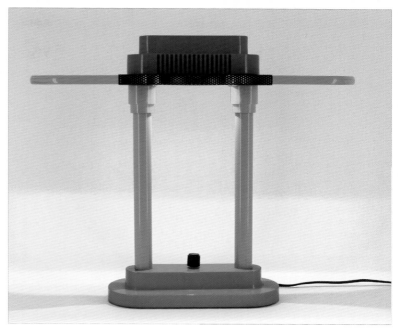

图3-54 Memphis集团设计的桌子

图3-55 Memphis集团设计的家具及室内陈设

CHAPTER

家具的材料及结构

通过对本章内容的学习，应对家具的常见材料和基本结构有深刻的认识。家具的材料和结构是家具造型设计的重要载体，本章通过理论分析和结构图示结合的方式讲述了这两方面的内容。

▌课题概述

本章主要介绍家具的基本材料和常见结构。在基本材料中包括了木材、腾竹材、织物、皮革、塑料、金属、玻璃及家具的辅助材料等；在常见结构中主要介绍框架、板式、折叠、滑动、薄壳、充气等。

▌教学目标

通过对家具材料和结构的学习，学生应该明确各种不同材料家具的特征，应清楚不同结构家具的基本构成。

▌章节重点

掌握几种常见的家具材料，正确区分不同结构家具的特点。

4.1 家具的常见材料

史前文明中，家具是从天然取材并用手工制成的。随着时间的推移，家具的材料被进行分类、选择甚至再创造，如金属被再创造为合金等。如今，材料已经达到了对分子进行设计的水平，并利用它来创造生物材料，到纳米技术出现之后，材料已经可以进行生物降解了。先进的科学技术几乎为设计师提供了一切可能。家具设计师并不需要特别地去掌握分子科技和纳米技术，但至少应该了解最新的材料及它们的使用属性是怎样的，还应该清楚构成家具的基本材料种类和它们之间的区别。如传统材料种类一般包括木材、金属、石材、玻璃、复合板等。一些人往往会认为木材是纯天然的材料，金属的自然属性则要少于木材，而塑料是完全不属于天然的材料。事实上并非如此，聚合物、合金、合成材料都是依赖于天然的化合物。更重要的是设计师应该知道为什么一种材料在家具中能带给人舒适感，而另一种材料次之。虽然我们说设计思维应该是开放的，其实家具设计师在创意中必定要受到材料性质和特点的限制与约束，只有通过对家具材料进行学习，才能在设计中获得更有效的创意。

4.1.1 木材

从人类历史记载开始，木材就是制作家具的标准材料，使用木材进行大规模生产家具到今天早已非常普遍，木材制作家具的优点很多，如质量轻、强度大，有精美的天然纹理和色泽，容易加工和涂饰，电、热、声的传导性较小等。当然作为天然材料，木材也存在缺点，如存在树节、虫害、裂纹、弯曲变形等天然缺陷，给加工带来了难度；遇到潮湿等环境还有吸湿性并容易腐朽生虫。

家具木材的种类繁多，根据木材在家具上的运用不同，一般分为两种，一种是原木；另一种是人造板材，包括胶合板、刨花板、纤维板、细木工板及饰面材料等。

图4-1 实木制活动服务台

1. 原木

原木家具也就是我们常说的实木家具，通常指用天然树木作为材料进行制作的家具，为保持原木的自然风貌，不做过多的涂饰，表面刷清漆和打蜡是常用的处理方法。这类家具在木制家具中因选材较好和保养讲究，其市场造价普遍偏高（图4-1和图4-2）。

可以作为原木家具材料的木材种类很多，在我国就有40多种，主要有分布在东北的落叶松、红松、白松、水曲柳、榆木、梓木、色木、椴木、柞木、麻栎、黄菠萝、楸木；长江流域的杉木、本松、柏木、檫木、梓木、榉木；南方的香樟、柚木、紫檀等。国外的原木种类包括柚木、桃心花木、乌木等。

图4-2 实木衣柜

2. 人造板材

利用原木、边角料或其他非木材植物为原料，经过特有的机械加工或添加化学原料加工而成的材料被称为人造板材。人造板材使家具的加工过程由改变木材的形状发展成为改善木材的性质，这样的技术带来了加工工艺的进步，提高了对木材的利用率，使木材的过度砍伐和消耗得到了控制。人造板材独特的加工方法，非常适合家具的大规模生产，成为了家具工业主要材料之一，在家具市场中占有相当大的比重。人造板材的种类很多，常见的有胶合板、刨花板、纤维板、细木工板、空心板及塑料贴面板等。

（1）胶合板

胶合板是由木段旋切成单板或由木方刨切成薄木，再由奇数层的薄单板热压胶合而成，各板之间的木纤维方向互相垂直的人造板材（图4-3）。胶合板的应用范围很广，作为板材它的优势主要在于板材平整，不易断裂变形，幅宽较大，适合制作面积较大的板状部件。在家具中胶合板的使用频率较高，主要用在各种柜类家具的门板、面板、背板、顶板、旁板，椅子的背板、面板，沙发的扶手及各类抽屉等，如著名的"蝴蝶椅"就是用胶合板制作的（图4-4）。

（2）刨花板

刨花板也称碎料板，是由木材废料打碎后添加黏合剂等化学试剂再经高温高压加工而成的（图4-5）。刨花板中间层为木质木片，两边为组织细密的木片，经压制成板，表面层为粉层状，板式家具的面板广泛采用这种材料。刨花板的优点很多，除幅面大、加工便利、价格便宜、隔音效果好之外，刨花板的分子结构紧密，抗弯强度高，不易变形，又因这种材料多取材于剩余木材和边角料，所以对节约资源和木材的利用率来讲是非常好的，如生产1m³的刨花板，只需要1.3m³～1.8m³的废料。刨花板也有一些缺点，如板材重不易弯曲，强度大不易开榫且着钉困难，边沿粗糙表面无木纹，容易吸湿，需要通过表面贴装饰和封边才能美观防潮（图4-6）。另外，它也是甲醛含量较高的人造板材。

图4-3 胶合板

图4-5 刨花板

图4-4 胶合板制作的"蝴蝶椅"

图4-6 装饰贴面后的刨花板

（3）纤维板

纤维板又名密度板，是以木质余料或其他植物纤维为原料，经过计息分离成单体纤维再加入化学试剂，并在高温高压环境下使板材纤维相结合制成的人造板（图4-7）。一般分为硬质、半硬质和软质三类。纤维板材质均匀、强度均匀、表面平整、不易开裂、隔热隔音、加工性好，在家具中得到广泛使用，常被用在家具的背板材料中，加上覆贴材料后也可用作中低端家具的板式部件。纤维板按照密度不同可分为硬质高密度板、中密度纤维板和软质纤维板，中密度和高密度的纤维板也可用作硬木家具的内部构件。

（4）细木工板

细木工板俗称大芯板，中心由经过烘干处理、木质天然、宽度和厚度相等的细木条平行拼接而成，外部由总厚度不小于3mm的两成面板压制胶合而成（图4-8）。细木工板与刨花板、中密度纤维板相比，材料来源更天然，其优点还包括板面平整、强度大、不变形、质轻握钉力好等，是室内装修和中、高档家具制作的理想材料。

（5）饰面材料

为增加保护和美化人造板材表面，多使用涂饰、覆贴等工艺进行处理。经过饰面处理后的板材可改变其原有的纹理色泽，增加强度，提高防潮性等，对提高板材的使用范围起到了关键作用。人造板材常见的饰面方式包括薄木单板贴面、三聚氰胺贴面、印刷装饰纸贴面、聚氯乙烯薄膜贴面等，以及木纹直接印刷、透明涂饰和不透明涂饰等表面印刷涂饰处理。

4.1.2 竹藤材

竹藤材料在家具材料中是产量高、生产周期快的纯天然环保材料，原料和废弃物都不会释放有害的物质，形态优美轻巧、清新典雅，深受追求返璞归真的现代消费者喜爱。中国是世界上竹资源最丰富、竹林面积最大、竹产量最高的国家，全国约有竹林330万公顷，占世界的30%以上，竹材产量约占世界总产量的1/3。在制作竹制家具上也具有悠久的历史，特别在南方地区竹类家具被广泛使用。竹类家具有很多优点，竹材的强度大过钢材，与木材相比竹子的抗弯能力极强，价格低廉，加工能耗低，可塑性强，造型有流动感（图4-9）。

图4-7 纤维板

图4-8 细木工板

图4-9 竹制家具

藤资源是世界森林资源的重要组成部分，广泛分布于亚洲、非洲、拉丁美洲。由于藤材的自然属性、温柔的色彩和质感、轻盈的质地和优美的造型，藤制家具在近几年又重新走入大众视野。设计师常将竹、木、金属、麻绳、玻璃、塑料等材料与藤材进行有机结合，在家具骨架上缠绕和编织藤材，得到丰富的造型图案（图4-10）。总而言之，竹藤类家具在追求绿色低碳的今天，有非常广阔的发展空间。

4.1.3 织物及皮革

织物和皮革是家具中重要的装饰与铺面材料，在家具材料中选择织物面料，可以让家具的色彩更鲜亮，图案变化更丰富。柔软有弹性、保温性好的家具面料还能给使用者带来良好的触感，在增加家具舒适性的基础上起到调节室内环境氛围的作用。欧洲的许多家具商店常利用各种款式的织物面料来吸引顾客（图4-11）。另外，织物面料由于其特有的吸声性，在影音视听环境的家具中运用普遍。

1. 织物

织物面料的种类很多，按照纤维的来源可以分为天然纤维织物和化学纤维织物两大类。在天然纤维织物中主要有棉、麻、草、动物等纤维。棉制纤维织物柔软耐用，透气性和吸湿性都很好，在现代布艺家具中使用较多（图4-12）。麻、草等纤维织物，同样也有良好的吸湿性和透气性，但价格便宜、质地较粗、色彩自然，营造自然古朴和民族风情的家具多选用这种材料。动物纤维也是天然织物的主要材料，如常见的羊毛制品等。精细、柔软、温暖、耐磨、色泽自然柔和是这类织物的优点，但同时易发霉和虫蛀、加工有难度、产量有限则是它的缺点。另外这类织物价格也普遍较高，只会在中高档家具中使用。化学纤维主要包括人造纤维和合成纤维两种。人造纤维即我们常说的人造丝，它是通过对一些天然材料进行化学处理和机械加工得到的。合成纤维范围更广，包括我们熟知的涤纶、宾纶、腈纶、尼龙、锦纶等。这些材料在家具装饰织物中的使用也非常频繁，如腈纶制品常被认为是羊毛的替代品。相较于天然纤维织物，化学纤维织物更结实耐用，抗皱性也更好，并且易清洁、可熨烫，适合大规模的工业生产。

图4-10 藤编家具

图4-12 布艺沙发

图4-11 荷兰阿姆斯特丹家具店的面料展示

2. 皮革

皮革具有保暖、吸声的功能，能营造高档感，在家具中主要用于软体包覆部分（图4-13）。家具中常用的皮革种类有动物皮革和复合皮革两种。动物皮革的主要来源包括猪、牛、羊、马等，各有特色。牛皮坚固耐磨，风格稳重；羊皮轻薄柔软，细腻雅致；猪皮质地厚重，造价低廉。带有动物毛的一般称为裘革，高档裘革造价较高，在奢侈型家具中使用。但因动物皮革家具不利于生态的保护和野生动物资源的保护，近年来常使用复合皮革代替。在家具中主要使用的还是光面皮革，这种材料柔韧性较好，耐脏、耐磨又有良好的透气性，是皮革家具中的首选材料。皮革中的复合材料是用纺织品、合成树脂等材料经过加工而制成的，我们常说的PU皮就是用PU树脂和无纺布为原料生产的。复合皮革应用较为普遍的有人造革、合成革、橡胶复合革、发泡塑料复合革等。

4.1.4 塑料

塑料是一种现代人工材料，实际上是由合成树脂制成的材料。塑料家具是以聚氯乙烯为原料压制而成的，具有轻便、易于造型、色彩明快等特点。

塑料是一种现代工业材料，人类在日常生活中大量使用塑料制品，所以塑料的类型也非常多。在家具中塑料的使用已很常见，和其他材料相比，塑料制作家具有许多优势，如可塑性强、加工难度小、色彩丰富、轻便等。作为一种高分子聚合物，塑料的品种很多，家具中的塑料主要有PVC（聚氯乙烯）、ABS树脂（苯乙烯-丁二烯-丙烯腈）、聚乙烯、聚丙烯、尼龙、玻璃纤维层压塑料（玻璃钢）、丙烯酸树脂（亚克力）等。作为

家具设计师应该对家具中的常见塑料有基本的认识和了解，才能在设计中进行灵活运用。

PVC是全球合成材料中使用较多的材料之一（图4-14），一般分为软性和硬性两种，在家具中采用的是硬性的聚氯乙烯材料。这种材料柔韧度高、延展性好，成型难度小，并有一定的耐热性和抗老化性，且无毒无害，保存时间久。因此在家具制作中它是一种深受喜爱的合成材料（图4-15)。

图4-13 皮革家具

图4-14（PVC）

图4-15 PVC家具

图4-15 PVC家具

ABS树脂是被称为"合成木材"的微黄色固体,是一种热塑型高分子材料,是目前产量最大、应用最广泛的聚合物(图4-16),兼具坚韧、质硬、刚性好、抗化学腐蚀、易成型等优点。ABS树脂除了可以着色外,表面还可以镀铬,甚至可以代替某些金属。在家具中除了整体使用外(图4-17),还常被用在零部件和框架结构等受力较大的部位。

玻璃纤维层压塑料(玻璃钢)是一种利用玻璃纤维或其制品进行增强的塑料,它的质量很轻,但机械强度却很大,接近钢材,富有弹性,获得了"比铝轻,比铁强"的赞誉。这种材料的成型工艺简单,在家具中可以任意成型,并可随意着色,在制作形状复杂的家具上有突出的优势,如座椅可以使用玻璃钢一次注塑成型,无需再单独生产扶手和椅腿,非常方便(图4-18)。家具发展历史中使用玻璃纤维层压塑料制成家具的成功案例很多,我们在第三章现代家具设计及主要大师作品中曾提到的芬兰著名设计大师艾洛·阿尼奥制作的"球椅"、"番茄椅"、"气泡椅"都是使用的这种材料。

4.1.5 金属

以金属作为材料制作构架搭配其他材料制作的家具,或完全由金属材料制作的家具都属于金属家具。金属和其他材料相比,本身具有较好的韧性、弹性、可塑性和稳定性,并且可进行再利用,制成家具后牢固耐用,还能防火,易于清洁,价格也比实木家具低廉不少。从设计造型来看,金属的自由延展性给设计师带来了无限可能,可以根据设计的需要加工成各种风格和曲线的家具,表面还能对颜色进行涂饰或镀铬等。目前国际上最新的镀K金和黑金的工艺,给金属制作高档家具提供了更大的空间。金属在家具中的应用有很悠久的历史,我国明清时期的家具中就有很多与木材搭配的金属配件,是传统家具中的一大亮点。国外的金属家具从现代主义设计的钢管家具开始更是不胜枚举。金属家具的种类很多,民用和公用都可以使用金属家具,不管是严肃紧张的办公环境,还是轻松休闲的餐厅环境,或者温馨舒适的居家环境,都有金属家具的身影(图

图4-16 ABS树脂

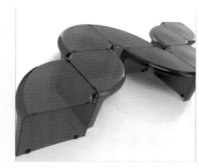

图4-17 ABS树脂"The-44-Table"咖啡桌

图4-18 玻璃钢制作的座椅

4-19）。金属的种类很多，家具中常用的金属材料主要有钢材、铝合金和铸铁三大类。钢材是应用最广的金属材料，用于家具制作的钢材多为碳素钢，以钢板、钢管为主；铝合金材的特点是重量轻，有足够的强度，加工方便，通常经压力加工成各种管材、型材等半成品供应，常被用来制作家具的框架和装饰部件，如商店货柜、陈列架等；铸铁主要用于家具中的生铁铸件，它的铸造性能优于钢材，价格低廉、重量大、强度高，常用来作家具的底座和支架。

4.1.6 玻璃

在对古埃及和古罗马的文献资料的研究中发现，玻璃是人类最古老的人造材料之一。现代玻璃为了实现不同的效果，常添加75%的硅、钠、铅、硼或铁等物质。添加金属和氧化硅可以让玻璃拥用丰富的颜色，铬可以让玻璃变绿，钴可以让玻璃变蓝，镍让玻璃有紫色，锡和砷的氧化物让玻璃变白，锰则可以剔除玻璃中铁造成的蓝绿色。玻璃有很多的品种和型号，如钢化玻璃、磨光玻璃、磨砂玻璃等。经过特殊热处理得到的钢化玻璃，在具有普通玻璃的透明度的同时还有较好的稳定性，冷热交替作用时不会炸裂，常用作桌面（图4-20）和建筑门窗；把普通玻璃经过机械抛光后得到的磨光玻璃多用在橱柜门窗和镜面制品中；在玻璃中添加硅砂、金刚砂、石榴石粉等材料后，玻璃的透光度就会降低，这样的磨砂玻璃在家具中使用也非常频繁。玻璃的加工方式也很多，常见的工艺包括吹制、铸造、滚轧、雕刻、压花等。

4.1.7 家具辅料

在家具制造中，除了上述主要材料外，还必须使用其他的辅助材料才能完善家具的制作。常用的辅助材料有胶料、五金件等。胶料主要用于木结构家具中，在胶合、拼板等工艺中，都要使用胶料。在家具装配结构上，五金件是不可缺少的辅助材料。五金件的种类很多，主要可分为连接件、铰链、滑道、拉手、锁、脚轮及其他小零件等（图4-21）。

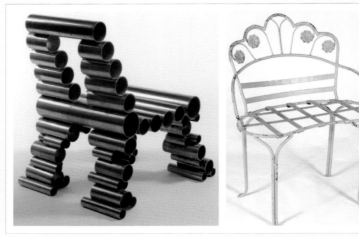
图4-19 金属家具

图4-20 玻璃家具

图4-21 家具中的各式五金拉手

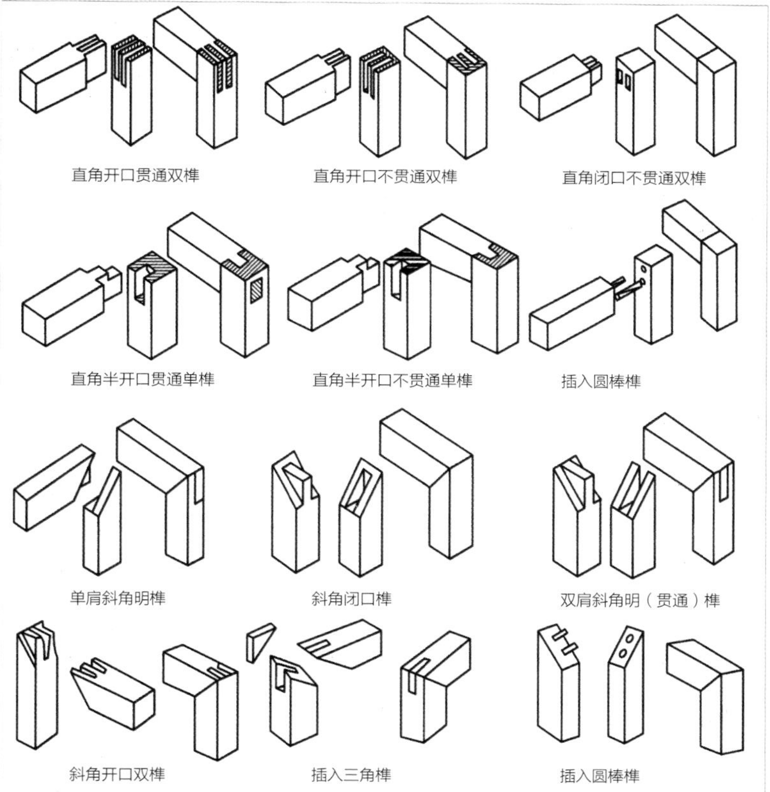

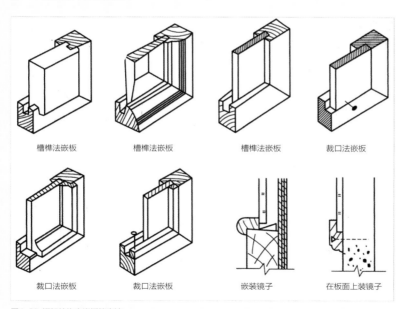

图4-22 框架结构中榫结合的方式

直角开口贯通双榫　　直角开口不贯通双榫　　直角闭口不贯通双榫

直角半开口贯通单榫　　直角半开口不贯通单榫　　插入圆棒榫

单肩斜角明榫　　斜角闭口榫　　双肩斜角明（贯通）榫

斜角开口双榫　　插入三角榫　　插入圆棒榫

槽榫法嵌板　　槽榫法嵌板　　槽榫法嵌板　　裁口法嵌板

裁口法嵌板　　裁口法嵌板　　嵌装镜子　　在板面上装镜子

图4-23 框架结构中嵌板的方法

4.2 家具的常见结构

　　家具的构造是家具中建立使用功能的重要因素。家具设计并不是停留在简单的草图上，即使对材料有一定的了解，但不清楚结构，也是无法设计出合理的家具的。只有在掌握一定的结构知识的条件下，设计师才能和技术人员进行良好的沟通，才能协调家具结构和创意之间的关系。在人类的历史长河中，家具发展了几千年，家具的结构随着时间的推移在不断地变化，传统家具结构和现代家具结构因为制造技术的进步而有很多不同。本章前一节介绍了家具的各种材料，可见家具的种类非常多，并随着科技的发展还在不断增加。本节将会对几种常见的家具结构进行描述，希望读者能有所收获并在实践中去具体运用这些结构。

4.2.1 框架结构

　　框架结构是将建筑中如梁和柱等承重体系的结构应用到家具设计当中来的。中国传统家具中框架结构运用较多，宋、元、明、清等朝代的家具都能找到框架结构，常见的有实木桌、椅、凳的脚架等。框架结构是木制家具中的主要结构形式，它以榫结合为连接方式，类似中国古建筑木构架梁柱结构那样，榫接形式多样而复杂（图4-22）。最主要的两种框架结构形式是由立柱和横木组成木框来支撑的"木构架梁结构"和框架组成家具的周边，在框架内嵌板的结构（图4-23）。

4.2.2 板式结构

由板状部件通过各种连接方式连接构成，并由板状部件承受荷载及传递荷重的家具结构称为板式结构。现代板式家具是由中密度纤维板、刨花板、胶合板、细木工板等人造板材经过表面贴饰、封边、加五金件连接而成的。板式家具结构简洁、牢固耐用、拆装方便，结构的通用性和扩展性强，包装运输便利，适合现代化、标准化的家具生产（图4-24）。板式结构板部件之间的连接，主要依靠紧固件或连接件采用固定或折装的连接方式。板式结构中的固定主要用圆钉、螺钉、胶粘剂、尼龙双倒刺等连接，这类家具体积不大，一般适合在工厂中直接装配，只能装配一次。板式结构中的拆装形式则是将加工完成后的板件，使用可多次连接的零件来装配。

4.2.3 折叠结构

具有折叠结构的家具早在古埃及时期就已出现，中国古典家具中的床、屏等也是一种具有折叠结构的家具。随着现代家具技术的进步和设计的创新，折叠结构在家具中的应用更加广泛，形式也更加多样化，特别在现代拥挤的城市空间中，家具折叠后占用的空间小，便于收藏，能有效地节省和利用空间，另外也便于运输、携带，适用于经常需要变换使用功能的场所。折叠式家具常见于桌、椅、床类，有金属制和木制两种，其关键是结构部件之间的结合点是可转动的，一般

用铆钉结合或螺栓结合。常见的结构包括折动式和叠积式。

1. 折动式

折动式家具一般包括钢结合和螺栓结合，折动结构都有两条或多条折动连接线，在每条折动线上可设置不同距离、不同数量的折动点，必须使各个折动点之间的距离总和与这条线的长度相等，这样才能折得起、合得拢（图4-25）。家具之所以可以折动并不单纯为了方便携带、搬运，有时是为了赋予家具更多的功能以满足各种不同的使用需求，如小面积居室内的多功能家具等（图4-26）。

图4-24 板式家具拆装图

图4-26 有折动结构的多功能家具

图4-25 折动式小桌

图4-27 叠积式小凳

2.叠积式

相同形式的数件家具叠积在一起，既节约空间又方便收藏搬运。叠积式家具设计得越合理，堆叠的件数就越多。叠积式家具主要有椅类、柜类、桌台类和床类，最常见的是椅类（图4-27）。叠积结构并不复杂，主要是在家具设计时多考虑"叠"的基本方式，如造型重叠或大小套叠等形式。

4.2.4 滑动结构

为提高家具的功能，让家具更符合人的生活和居住空间的使用需求，家具中出现了滑动结构。芬兰著名设计师阿尔瓦·阿尔托在1936年就曾设计过带滑动结构的家具。现代家具中的这种结构主要通过安装各种形式的滑轨或滑轮来实现，常见于抽屉和桌椅腿（图4-28和图4-29）。

4.2.5 薄壳结构

随着塑料、玻璃钢、多层薄木胶合等新材料和新工艺的迅速发展，出现了热压或热塑的薄壳成型结构。这种结构可以是一次成型制成一件整体家具，也可以制成部分构件，如座椅的靠背面和坐面板，并通过与金属支架相结合的方式达到等距排列大量坐席的目的，如候车厅等公共场所座椅等。这一结构的主要特点是生产效率高、工艺简便、造型轻巧。塑料制成的各类薄壳模塑椅还具有色彩艳丽、便于清洗的优点（图4-30）。

4.2.6 充气结构

充气家具是以具有一定形状的橡胶气囊加以充气而成。这类家具通常为临时使用，或者是追求小巧、运输便捷及携带方便的人士设计，如充气床、充气沙发、沙滩椅等（图4-31）。充气家具摆脱了传统家具笨重的缺点，室内室外可随意放置。放气后体积小巧，收藏携带都很方便，既新潮，又舒适。如今，色彩缤纷、晶莹剔透、形态奇特、造型别致的充气式沙发广受年轻消费者的喜爱。

图4-28 家具中的滑动结构

图4-29 滑轨与滑轮

图4-30 薄壳结构家具

图4-31 意大利"Blow"椅

CHAPTER 5

人体工程学与
家具设计

学生通过对人体工程学与家具设计章节的学习，应清楚人体工程学是如何对家具产生影响的和人体工程学在家具中的重要性。本章由浅入深地介绍了和家具相关的一些人体工程学知识，并结合大量图形和例证进行了论述。

▌课题概述

本章包括人体工程学简介、人体测量与家具设计、人体工程学在家具设计中的应用三部分内容。人体工程学简介和人体测量主要对人体工程学和其中的尺寸有一个简单的介绍，在家具中的应用主要从坐卧家具、储存家具、桌台家具几个方面进行了分析介绍。

▌教学目标

通过本章学习，学生应对人体工程学和家具的关系有清楚的认识，并且知道人体测量、人体尺寸和家具之间的关系，并通过学习处理好四类主要家具中的人体工程学。

▌章节重点

掌握人体工程学对家具设计的尺寸要求，理解人体工程学在家具设计中的应用。

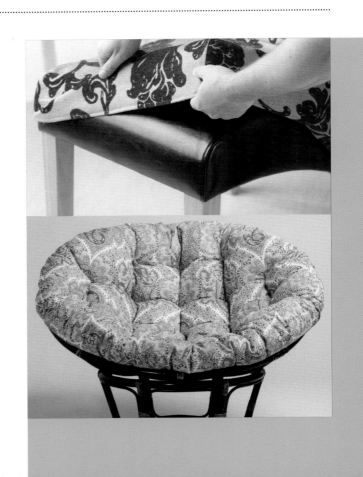

5.1 人体工程学简介

人体工程学（Ergonomics）是研究"人－机－环境"系统中人、机、环境三大要素之间的关系，为解决该系统中人的效能、健康、舒适等问题提供理论与方法的新科学。对于家具来说，直接的使用者就是人，家具设计制作的根本目的是让人使用起来舒适、安全或者提高工作和学习效率，所以作为家具设计师就必须对研究人和机器之间关系的"人体工程学"有所学习和了解，才能让设计更好地为人服务，才能让家具的功能和设计更符合人的需求。为了进一步说明人体工程学和家具设计的关系，对人体工程学定义中的关键要素和家具的关系进行以下几点解释。

人、机、环境三个要素中的"人"是指作业者或使用者，对家具来说就是所有使用家具的用户，但人体工程学并不仅仅对家具用户使用的惟一状态进行研究，而是要从使用者的心理特征、生理特征以及使用者对家具的适用情况和环境对家具使用的影响等问题进行研究和探讨。

"机"从狭义上讲就是机器，但人体工程学的"机"的范围更广，是包括人操作和使用的一切产品和工程系统。反应到家具设计中就是我们使用的所有家具"，比如坐椅、床、橱柜、桌台等。设计师应该运用人体工程

学的知识，去设计出满足人的要求，符合人的特点的家具，这也是人体工程学探讨的重要问题。

"环境"是指人们工作和生活的环境，噪声、照明、气温等都是对人的工作和生活产生影响的环境因素。家具和环境的关系非常紧密，不论是民用家具还是公用家具，都必定会放在环境中去使用，设计师在设计家具的时候更应该注意家具和环境、空间的关系，而不能对家具进行孤立的设计，才能让使用者在特定的环境中用到符合环境要求的家具。比如一些工厂环境的座椅和生活环境的座椅要求就是不一样的，如果把生活环境的座椅放在工厂使用，轻则影响工作效率，重则可能会带来生产事故。

"系统"是人体工程学研究中必不可少的概念。人体工程学并不是孤立地研究人、机、环境这三个要素，而是从系统的高度，把他们看成一个相互作用、相互依存的系统。

5.2 人体测量与家具设计

人体的数据是设计的重要基本资料之一。设计师在设计中必须要关注人体的生理及心理特征。对于家具设计来说，家具的尺寸、占用空间的大小、人在使用时心理和生理的状态都需要以人体尺寸作为依据，否则就会影响使用的安全、影响使用效率甚至损害使用者的健康。

人体测量学是通过测量各个部分的尺寸来确定个人之间和群体之间在尺寸上的差别的科学。用以研究人的形态特征，从而为家具设计提供人体测量数据。人体测量的目的是获得人体心理特征和生理特征的数据，以便为研究者和设计者提供依据。

5.2.1 我国成年人人体尺寸

我国于1988年12月10日发布了《中国成年人人体尺寸》标准（GB/T10000-1988），该标准于1989年7月开始实施，它为我国人体工程学设计提供了基础数据（图5-1）。该标准适用于工业产品设计、建筑与室内设计、家具设计、军事工业以及劳动保护等领域。GB/T10000-1988提供了7组共47项静态人体尺寸数据：人体主要尺寸6项、立姿人体尺寸6项、坐姿人体尺寸11项、人体水平尺寸10项、人体头部尺寸7项、人体手部尺寸5项、人体足部尺寸2项。

在使用国家标准GB/T10000-1988中所列的人体尺寸数值时，应注意：所列数值均为裸体测量的结果，在具体应用时，应根据不同地区，不同季节的着衣量而增加适当的余量，有时还要考虑因防护服装而增加适当的余量。近20年来世界各国人的平均身高逐年增加，在使用测量数据时，应考虑测量年代加以适当的修正。

分组 测量项目	男(18~60岁)			女(18~55岁)		
百分位	5	50	95	5	50	95
1. 胸宽	253	280	315	233	260	299
2. 胸厚	186	212	245	170	199	239
3. 肩宽	344	375	403	320	351	377
4. 最大肩宽	398	431	469	363	397	438
5. 臀宽	282	306	334	290	317	346
6. 坐姿臀宽	295	321	355	310	344	382
7. 坐姿两肘间宽	371	422	489	348	404	478
8. 胸围	791	867	970	745	825	949
9. 腰围	650	735	895	659	772	950
10. 臀围	805	875	970	824	900	1000

我国成年人人体水平尺寸　单位：mm

分组 测量项目	男(18~60岁)			女(18~55岁)		
百分位	5	50	95	5	50	95
1. 眼高	1474	1568	1664	1371	1454	1541
2. 肩高	1281	1367	1455	1195	1271	1350
3. 肘高	954	1024	1096	899	960	1023
4. 手功能高	680	741	801	650	704	757
5. 会阴高	728	790	856	673	732	792
6. 胫骨点高	409	444	481	377	410	444

我国成年人立姿人体尺寸　单位：mm

分组 测量项目	男(18~60岁)			女(18~55岁)		
百分位	5	50	95	5	50	95
1. 坐高	858	908	958	809	855	901
2. 坐姿颈椎点高	615	657	701	579	617	657
3. 坐姿眼高	749	798	847	695	739	783
4. 坐姿肩高	557	598	641	518	556	594
5. 坐姿肘高	228	263	298	215	251	284
6. 坐姿大腿厚	112	130	151	113	130	151
7. 坐姿膝高	456	493	532	424	458	493
8. 小腿加足高	383	413	448	342	382	405
9. 坐深	421	457	494	401	433	469
10. 臀膝距	515	554	595	495	529	570
11. 坐姿下肢长	921	992	1063	851	912	975

我国成年人坐姿人体尺寸　单位：mm

图5-1 我国成年人人体尺寸

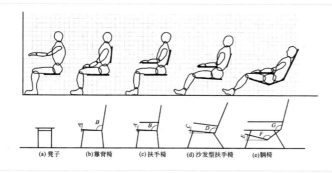

图5-2 椅子坐高、坐深的设计主要参照人体结构尺寸

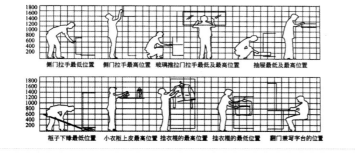

图5-3 储存类家具的设计主要参照人体功能尺寸

5.2.2 人体尺寸与家具设计的关系

人体尺寸是所有与人有关的设计领域都必须要关注的首要问题，也是设计的最根本问题。对家具设计来说，设计的对象就是人，和家具发生直接关系的也是人，设计得再有新意的家具，若不是根据人体尺寸来设计都是无法让人使用的，所以家具设计必须要了解和研究人体尺寸。人体尺寸分为两类，包括结构尺寸和功能尺寸。结构尺寸即人体的静态尺寸，是人处于固定的标准状态下测量的，和人需要直接接触、关系密切的物体如家具有较大关系，为其提供数据（图5-2）；功能尺寸即动态尺寸，是人在进行某项功能活动时肢体所能达到的空间范围，是被测者处于动作状态下测量到的。人体结构尺寸（静态尺寸）和人体功能尺寸（动态尺寸）都是家具和室内设计的基本依据，要合理确定一件家具的尺寸，就必须参照相应的人体结构尺寸和人体的功能尺寸（图5-3）。

对于另外一些尺寸又是以人处于不同姿态时手或足的活动范围为依据的，如柜类家具的搁板高度及物品的存放区域划分就是以手的活动范围和动作的难易程度为依据而设计的。设计时人体尺寸具体数据的选用，应考虑不同的空间与不同的使用功能。

5.2.3 家具设计中应兼顾的特殊人群尺寸

儿童与老年人的需求，在家具设计中是必须要兼顾的特殊人体尺寸。若把这两种尺寸与一般成年人尺寸等同对待是不符合设计对象的做法。只有在详细了解这些尺寸之后，才能够正确合理地使用数据来完成设计，让家具设计达到人体工程学的目的。

1. 儿童

对儿童人体尺寸的研究对于设计儿童家具、幼儿园家具及学校家具等是非常重要的，儿童意外伤亡与设计不当有很大的关系。儿童的身体尺寸和成年人一样，有一定的比例关系，我们可以通过儿童的局部身体尺寸推算出其他尺寸。儿童的成长很快，身体尺寸的变化也很大，不能把各年龄阶段的儿童身体尺寸放在一起考虑，儿童桌椅的尺寸要根据不同年龄的大小区别对待。如幼儿园家具设计要注意儿童的生理、心理的特征。幼儿家具的色彩要丰富，外形设计要美观、可爱、有亲和力，用模拟或仿生的手法显得更生动，家具的结构连接处要防止棱角倒口的出现等（图5-4至和图5-5）。

而小学生的身体尺寸和幼儿

是不一样的，这个阶段的家具主要是课桌椅、讲台、多媒体家具和其他活动室家具等，要根据这

一时期的身体尺寸、特点、学习要求等进行设计（图5-6和图5-7）。

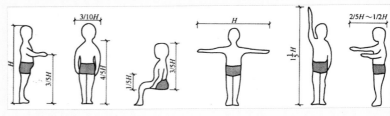
图5-4 幼儿的人体尺寸图

图5-5 色彩明亮的幼儿家具

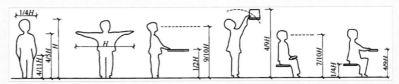
图5-6 小学生的人体尺寸图

图5-7 小学生家具

2. 老年人

人类社会老龄化趋势越来越严重，特别到21世纪中叶，中国人口或将有1/3达到60岁或更大，针对这样的问题，在家具设计中考虑老年人的尺寸就更加重要了。但老年人的人体尺寸研究数据相对较少，很多人在设计中常把老年人与一般成年人同等对待，这样的想法是不科学的，老年人和普通成年人的不同包括：

身高比年轻时矮，体重比年轻的时候重，相应的身体的围度也比年轻的时候大，需要更宽松的空间范围。美国学者研究发现45岁～65岁的人与20岁相比身高减少4cm，体重增加了6kg；由于肌肉力量的退化，伸手够东西的能力不如年轻人，手脚可触及的空间范围比年轻人小（图5-8）。在设计中我们应该考虑到老年人的这些特征和需求。

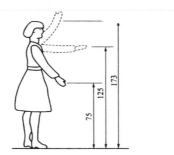

图5-8 老年妇女可触及范围图

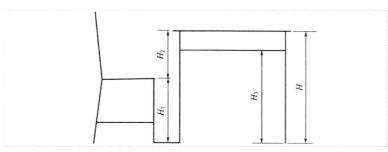

图5-9 坐高H₁、桌面高H和桌椅高差H₂示意图

(a) 坐面高度适中　(b) 坐面高度过高　(c) 坐面高度过低

图5-10 坐面高度对比

5.3 人体工程学在家具设计中的应用

家具既要实用又要能美化环境，但家具最重要的特性还是实用，无论什么样的家具都要让人用起来方便舒适，要满足这个要求，设计家具时就必须以人体工程学为指导，使家具符合人的基本尺寸、生理特征和充实各种活动需要的空间环境。从人体工程学的角度出发，家具按照和人的亲密程度可以分为：和人体接触最紧密的包括坐具、卧具；给人提供支撑和依托的书桌、工作台等；给人提供存储空间的橱、柜、架等。

5.3.1 人体工程学在坐具中的应用

无论是工作、生活还是学习，人的大部分时间都离不开坐，因此对座椅功能的研究就非常重要，如何让人坐得舒服，如何在坐得工作中提高工作效率、减轻疲劳，如何让坐姿不损害人的健康等，都是人体工程学在座椅设计中要解决的问题。按照人体工程学的要求，座椅要设计得合理应该从几个关键的结构出发：坐高、坐深、坐宽、坐面斜度、靠背、扶手、坐垫。

（1）坐高：坐高是指座椅前沿到地面的垂直距离。坐高受工作面高度的影响很大，在设计中不能把座椅高度独立设计，应根据工作面的高度来考虑坐高（图5-9），过高或过矮的坐高都会让人产生疲劳感（图5-10）。一般座椅坐高在400mm～450mm左右，这个高度也是成年人腿部弯曲后到地面的高度。

（2）坐深：主要是指坐面的前沿至后沿的距离，坐深应根据不同功能和类型的椅子来确定。合适的座椅深度应该给臀部提供充分的支撑，并让腰部得到靠背的支撑，坐面前缘与小腿之间还要有适当的距离。座椅的坐面太深，背部和靠背之间会形成距离，背部得不到支撑，久坐之后不但会使小腿麻木，还会导致青少年脊椎变形；坐面过浅的座椅会使人的大腿悬空，小腿也容易产生疲劳感（图5-11）。

（3）坐宽：指坐面的横向宽度，椅子坐面的宽度往往呈前宽后窄的形状，坐面的前沿称坐前宽，后沿称坐后宽，坐宽取决于座椅的类型。坐宽应使人臀部得到全部支撑并有一定的活动余地，使人能随时调换坐姿，在空间允许的条件下以宽为好（图5-12）。

（4）坐面倾斜度：指座椅表面的倾斜程度。从人体坐姿及其动作的关系分析，人的坐姿向后倾靠才能保持身躯的稳定性，并使腰椎有所承托（图5-13）。人在休息的时候为了达到休息和放松的目的，坐姿向后倾斜角度会大于工作时的状态，根据这个原理，工作用的座椅面倾角应该在0°～5°的范围内，一般休息用椅坐面倾角为5°～23°（图5-13）。

（5）座椅靠背：座椅靠背的

主要功能是减缓腰部紧张感，降低肌肉疲劳和保持坐的稳定性。不同类型的座椅其座椅靠背的斜度不同，办公座椅的靠背斜度大

于休息椅（图5-14）。好的座椅靠背应该根据人的背部曲线进行设计，并考虑做成角度可调节的，更能符合使用的需求。

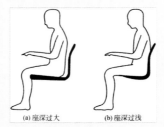

图5-11 座椅深度对比

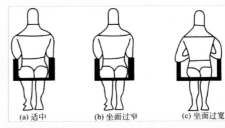

图5-12 扶手椅坐宽对比

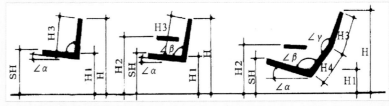

图5-13 不同座椅坐面倾斜度比较

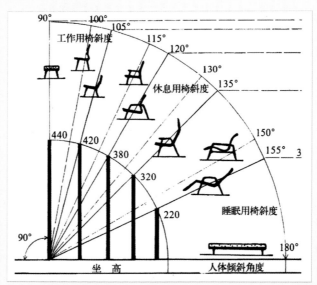

图5-14 不同类型座椅靠背斜度变化

（6）扶手高度：休息椅和部分工作椅需要设有扶手，其作用是减轻两臂的疲劳。扶手高度应根据人在坐姿状态下的肘部高度来确定（图5-15），过高和过低的扶手都是不符合人体工程学的。

（7）坐垫：使体重在坐骨隆起部分和臀部产生的压力分布比较均匀，不致产生疲劳感；还可使身体坐姿稳定（图5-16）。在选择坐垫材质时应注意过软或过硬的椅垫都会对健康产生不良影响。

5.3.2 坐具中典型家具的设计

坐具中的典型家具设计主要包含凳子、椅子及沙发凳常见的家具，本节将从人体工程学的角度对其概念进行描述。

1. 凳子

凳子是没有靠背的坐具，由座面和支架构成，是椅子形成前的初步形式。凳子的用途广泛，可分为普通用、工作用、休息用三类（图5-17）。普通用凳是家庭生活中必备的，代替椅子不便从事的活动；工作用凳有生产凳、实验室凳等，为满足工作需要，工作用凳一般设计为方向可旋转、高低可调节和位置可滑动式；休息用凳应用范围较广，它包括与沙发相结合的搁脚凳、酒吧间的酒吧凳、室外用凳等；在公共建筑的大厅中，常有与茶几组合形成的组合凳，便于临时休息，并能扩大空间环境感，是现代建筑常用的家具之一。

2. 椅子

椅子是人类坐姿活动不可缺少的家具。根据使用性质的不同，椅子包括多种形态，主要以休息、聚谈、阅读、书写、工作、用餐、会议和娱乐等活动为对象。而且由于材料和造型等的差别，有许多不同形式可供选择。从椅子使用形式上，可分为靠背椅、扶手椅、折叠椅、叠放椅、固定椅等；从材料上可分为木制、竹藤制、金属制、塑料制等；从结构上可分为框架构成和整体构成两种基本类型。框架构成是应用最多的一种，整体构成只适用极少部分椅子，主要用于塑料等一次成型的座椅。

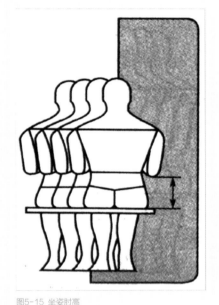

图5-15 坐姿肘高

图5-16 坐垫示意图

普通用凳　　工作用凳　　休息用凳

图5-17 不同用途的凳子

3. 沙发

沙发原为阿拉伯语，约起源于17世纪中叶，是由椅子逐渐演变形成的。现已泛软垫矮型坐用家具，包括低背单边扶手的卧榻、单边倾斜的躺椅、坐卧两用沙发、爱情椅或双人椅、轻巧有靠背和扶手的软垫长椅等。沙发的种类很多，按造型可分为背坐式、框架式、整体式、落地式(图5-18)；按功能可分为单件沙发、两用沙发、多用沙发；按布置方式可分为单件型沙发、组合型沙发；按材料除了常用的木材、金属材、竹藤材外，还有模压胶合沙发、多层胶合弯曲木沙发、硬塑料沙发、塑料泡沫沙发、充气沙发等。

5.3.3 人体工程学在卧具中的应用

睡眠和放松是对人非常重要的生理活动，卧具的好坏会影响睡眠的质量，在设计中务必要考虑与人体的关系，着重于尺度与弹性结构的综合设计。

床是供人睡眠休息的主要卧具，也是与人体接触时间最长的家具，床的好坏会影响人的生活工作质量和健康状况。床的基本要求是使人躺在上面能舒适地尽快入睡，以达到消除疲劳、恢复体力和补充精力的目的。人在睡眠时，并不是一直处于一种静止状态，而是经常辗转反侧，好的床应该有足够的尺寸供人在睡眠时翻身。床的合理宽度应该是人体仰卧时肩宽的2.5~3倍（图5-19）；床的长度应大于比人体的最大高度，因为人在躺下时

需要一定的空间做肢体伸展，床的头顶和脚下部分应该留出足够的空间（图5-20）；床的高度是指床面距地面的垂直高度，为使人上下方便，床以略高于使用者的膝盖为宜，一般在400mm~500mm之间。双层床的层间净高必须保证下铺使用者在就寝和起床时有足够的动作空间，按国家标准GB3328—82规定，双层床的底床铺面离地面高度应不大于420mm，层间净高应不小于950mm（图5-21）。

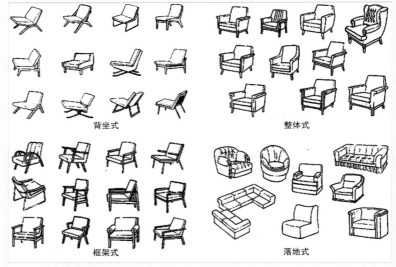

图5-18 沙发的造型分类

背坐式　框架式　整体式　落地式

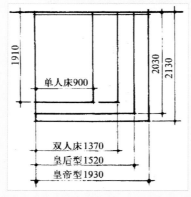

图5-19 床的宽度尺寸

单人床900
双人床1370
皇后型1520
皇帝型1930

图5-20 床的长度示意

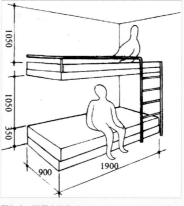

图5-21 双层床的尺寸

5.3.4 人体工程学在储存类家具中的应用

储存类家具与人体产生间接关系，主要作用是存放日常生活用品并兼作空间分割。这类家具主要包括橱、柜、架、隔板，为了正确确定这类家具的高度和合理分配空间，储存类家具的尺寸从人体工程学的角度出发应该根据人体操作活动的可及范围和物品的使用频度来设计，有条不紊地充分利用收藏空间（图5-22）。

1. 橱柜

橱柜是储存类家具系统中形式最多的一种，其种类包括衣柜、五屉柜、杂用柜、餐具柜、床头柜、书柜、文件柜、卡片柜、玩具柜、陈列柜等。橱柜的功能也很复杂，除了单一功能单体外，还可以根据使用需要设计多用柜，如将柜子上安装镜子，可以变成化妆台；或者与桌台功能结合，带有可放下折板的柜子，用于餐具柜时可以增加面积置放餐具，用于书柜时可做写字台使用（图5-23）。

橱柜的储存形式可基本分为封闭式、半封闭式、开放式、综合式（图5-24）。封闭式储存是将物品处于完全隐置的地方，一般的衣柜即是典型的封闭式储存家具，它是以柜门为主要屏障，将物品纳入合理而便利的内部空间。半封闭式储存是将物品纳入合理而便利的内部空间，利用玻璃柜门的形式兼具有展示作用的效果。开放式储存是将储存物品完全外露，也兼具有展示作用的形式，一般的壁架即属于典型的开放式储存形式。在原则上，储存品必须具有良好的观赏价值，且数量较小时才适合采用开放式。由于开放储存在实际上已经具备有陈列的形态，因此其托架构造应尽量采取单纯而富于秩序的做法，使其具备充分的展示作用。综合式储存是将开放式与封闭式并用的形式，兼具二者特长，成为橱柜设计常用方法。

人体与储存性家具的功能分区表

收　纳　规　划					表　现　形　式	图　例
衣柜	餐柜	书柜	陈列柜	电视柜	开门、拉门翻门只能向上	
衣服类	餐具食品					
稀用品	保存食品备用餐具	稀用品	稀用品	稀用品	不适宜抽屉	
其他季节用品	其他季节稀用品	消耗库存品	贵重品	贵重品	适宜开门、拉门	
帽子	罐头	中小型杂件			适宜拉门	装饰品
上衣、大衣、儿童服、裤子、裙子	中小瓶类小调料、筷子、叉子、勺子等	常用书籍画报杂志	欣赏品	电视机收音机	适宜开门	
		文具		扩大机		
				留声机	翻门	
				录音机		
稀用衣服类等	大瓶饮品用具	稀用品书本	稀用品贵重品	唱片箱	适宜开门拉门抽屉	
脚						

图5-22　人体与储存类家具的功能分区表

图5-23　橱柜与桌台功能的结合

图5-24　橱柜的储存形式

2. 组合柜

组合柜是应用较广且实用的储存类家具，由一系列标准部件按照使用要求在高度上可以叠起，在宽度上左右排列，互相配合组成整体（图5-25）。在一套组合家具中，可配有床、衣柜、梳妆台、陈列用柜等。组合柜的优点在于部件标准化，适于利用板式结构机械化大批生产，为提高效率、降低成本创造成了条件。

5.3.5 人体工程学在桌台类家具中的应用

桌台类家具和人体的关系也十分密切，其基本功能是在工作中辅助人体活动和承放物品，并要让人在使用中获得舒适感。桌台类家具的种类很多，从人体工程学的角度可分为两类：坐姿时使用的桌台类家具；站立时使用的桌台类家具。

1. 坐姿时使用的桌台家具的基本要求和尺度

（1）桌的高度：该尺寸是桌台类家具最基本的尺寸之一，也是保证桌子使用舒适的首要条件。桌子的高度与人体动作时肌体的形状及疲劳度有密切的关系。桌子过高或过低都会使肌肉紧张而产生疲劳感，特别会影响正在发育的青少年的身体健康（图5-26）。一般桌子的高度应该是与椅子高度保持一定的比例关系，桌子的高度通常是根据座高来确定的。设计桌高的合理方法是应先有椅子的坐高，然后再按作业情况确定桌面与椅面

的高差尺寸，即：桌高＝坐高＋桌椅高差。我国国家标准GB/T3326-1997明确规定桌面和椅子配套使用的桌椅高差应控制在250mm~230mm范围内。

（2）桌面尺寸：桌面尺寸会直接影响人的作业率，该尺寸包括桌子的宽度和深度，应以人

坐姿时上肢可达的水平工作范围，以及桌面可置放物品的类型尺寸为依据（图5-27）。人的通常作业域为390mm，但这个尺寸往往不够，因为不同的桌面根据功能可能需要更多的操作空间，此外还需要更多的空间放置物品、工具等。

图5-25 组合柜

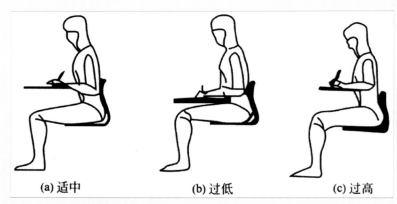

(a) 适中　　　　　　(b) 过低　　　　　　(c) 过高

图5-26 不同桌子高度和人体的关系

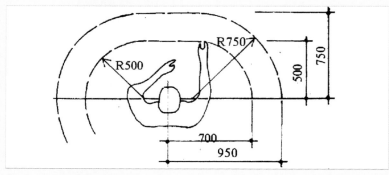

图5-27 人体上肢在桌面上的使用范围

（3）容脚空间

桌台类家具台面下方应该有足够的空间供人在人坐姿时腿部和足部的摆放，这个空间即容腿空间，通常只有坐姿时使用的桌台类家具才有这个空间要求。当

人在坐姿作业时，桌面下的双脚要适当移动或交叉才能让血液循环畅通，若桌下没有容脚空间会导致不自然的坐势，增加疲劳感，长期下去对身体健康不利（图5-28）。

容脚空间的高低值取决于与桌类家具配套使用的座椅的高度以及使用者的大腿厚度，为保证其空间能舒适地放下大腿，活动余量应为20mm，国标GB/T 3326-1997规定写字桌台面下的容脚高度不小于580mm。容脚空间可以通过计算得到，高度公式为：

$$H_3 \geq H_4 + H_5 + H_6$$

公式中 H_3 是容脚空间的准确高度；

H_4 是坐姿时小腿的高度加上足高；

H_5 是大腿厚度；

H_6 是预留的空间。

容脚空间除了高度之外还应该考虑深度。人在坐姿时小腿最大的前伸角度约为125°，即在垂直的基础上前伸35°。桌台类家具的容脚空间的深度最小值就是在小腿达到前伸35°情况下，小腿前身量加上足部超出小腿的部分再加上预留的活动余量。其公式为：

$$L \geq L_1 \times \sin 35° + L_2 + L_3$$

公式中 L 是容腿空间深；

L_1 是小腿加足长；

L_2 是足部超出小腿部分（成人99百分位的值160mm）；

L_3 是预留的活动余量（注意留出一定的鞋的余量）。

2. 站姿时使用的桌台类家具的基本要求和尺度

站姿时使用的桌台类家具主要指售货柜台、营业柜台、讲台、服务台及各种工作台等。站立作业的时候，桌面的高度会影响人的姿势，工作面过高或过低，都会让人的肌肉产生疲劳。站姿时使用的桌台类家具工作面的高度是由工作的性质决定的，一般性的使用，作业面设置在肘高以下5cm～10cm即可；需要眼睛近距离观察的紧密作业，应在肘高以上5cm～10cm；利用身体的重力做功才能完成的重负荷作业，加工件越大，工作台面要越低，台面应该放在肘高以下15cm～40cm的位置较为合适（图5-29和图5-30）。一般来讲，站姿作业的台面高度应按身体较高的人设计，身材较矮的人可使用垫脚台。

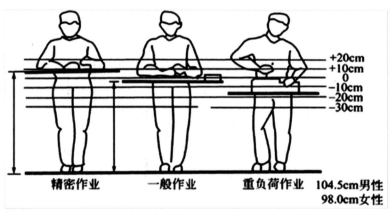

图5-28 桌下无容脚空间的使用状态示意图

图5-29 站姿时桌台面高度与工作性质的关系

+20cm
+10cm
0
-10cm
-20cm
-30cm

精密作业　　一般作业　　重负荷作业　104.5cm男性
98.0cm女性

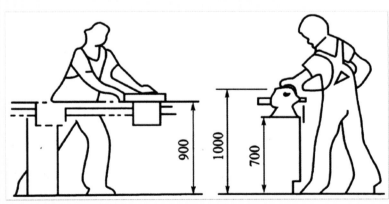

900　1000　700

图5-30 重负荷作业与桌台面设计

CHAPTER 6

家具设计与空间陈设

本章内容主要介绍家具和空间陈设的关系，特别介绍空间中包括家具在内的陈设的主要类型和形式，并结合一些常见的空间来展示不同的陈设形式和特点。

▌课题概述

本章包括室内陈设概述和常见空间陈设两部分内容。在室内陈设概述中主要介绍家具和室内空间的关系，及在室内空间中家具及其他陈设品的常见陈设类型和形式；在常见空间陈设中主要从五个不同的空间陈设出发，结合图片进行解说。

▌教学目标

通过本章学习，学生应对家具和室内陈设的关系有较清晰的认识，并掌握室内陈设的类型和形式，对常见的几种空间陈设有一个详细的了解。

▌章节重点

学习理解室内陈设的类型与形式，懂得在空间中如何进行陈设设计。

6.1 室内陈设概述

室内环境服务于人，不论是生活还是工作都需要适宜的空间环境，陈设品作为空间中必不可少的元素，起着确定空间的功能和价值、营造空间氛围、创建室内环境风格的作用。特别是空间的居住者或使用者，还可以通过摆放陈设品来体现个人的民族特色、文化修养、爱好品位等。

建筑空间中比不可缺少家具，受到空间性质的影响，需要根据室内空间的功能和特点来选择不同款式和数量的家具。家具种类繁多，在室内空间中，家具既有使用功能，又兼有美化环境的艺术效果，特别是现代的许多家具常与室内空间规划放在一起设计，如传统的独立式可搬动的橱柜，在设计中常与墙面结合，即有储存作用又能进行空间分割。此外，在许多特定的空间中，设计师为反应该场所的精神面貌，常结合家具与其他物品进行陈设，展示功能为主，使用功能为辅助，这时的家具就几乎完全成了陈设品，如酒店、公司的接待大厅陈设等（图6-1）。

当然，在室内陈设中只依靠家具的排列组合是不够的，陈设设计不是一种简单的摆设技术，而是融合了色彩学、心理学等学科的综合性艺术，是对建筑设计和室内设计的延伸和补充，陈设品的大小要与室内空间尺度及家具尺度形成良好的比例关系，不

宜过大，也不宜太小。陈设布置要主次得当，增加室内空间的层次感，最终达到视觉上的均衡。经陈设设计的空间要符合人们的欣赏习惯，起到调节心情的美学作用。

6.1.1 家具与室内空间

室内空间和家具的关系是相辅相成的，室内空间的尺寸和功能会影响家具的尺寸和种类，家具的尺寸和风格特征同样可以起到组织空间的作用，让空间变得有序。通过在空间中设置家具，可以达到分隔空间、扩大空间、填补空间等效果。

1. 分隔空间

为提高现代建筑中室内空间的利用率，增强室内空间的灵活性，室内设计中常利用家具对空间进行分隔，以达到在同一空间中构成不同功能区域，或相同功能组合成小空间区域的效果。如在小居室环境中，在同一空间中使用家具可规划出餐饮空间、工作空间、休息空间等，实现多种空间功能的结合（图6-2）。这种分隔方式的特点是灵活方便，可随时调整布置方式，不影响空间结构形式，但私密性较差，常用于住宅、商店及办公室等。

图6-1 接待处陈设与空间规划

图6-2 家具对住宅的空间分隔

2. 扩大空间

建筑是固定的,对室内的设计和家具的摆放都是在建筑完成、空间固定的情况下进行的,所以家具对空间的扩大并不是实际意义上的扩大,而是通过家具与空间的结合,通过对家具功能的设计,如折叠、抽拉、悬挂、升降等方式,在有限的空间中构建更多的可行性,增大对空间的利用率,达到扩大空间的作用,如嵌入墙内的柜架、床等方式在许多小空间家庭中被广泛使用(图6-3)。

3. 填补空间

家具可以改善对空间的利用,当建筑室内遇到一些不规则的、异形的、转角的空间时候,可以通过家具与陈设品的结合,来改善空间的视觉效果,还能对这些小空间进行利用,改善室内整体效果。只要陈设得当,就能让整体布局达到均衡统一,带来别具一格的审美情趣,如在墙角和楼梯下方进行陈设即可达到空间填补的效果(图6-4)。

6.1.2 室内陈设的类型

室内陈设品种类很多,就家具而言可以分为功能为主和装饰为主两类,这是根据陈设品对空间及人的作用进行的分类。功能为主的家具陈设品是以满足人的使用需求,符合空间尺寸等要求为出发点。装饰为主的家具陈设则是以满足人的精神需求,美化空间环境为目的。

图6-3 家具的收折与空间利用

图6-4 填补空间的陈设

1. 功能为主的陈设品

功能为主是指具有一定实用价值且又有一定的观赏性或装饰作用的陈设品（图6-5）。功能性陈设主要以实用为主，首先应考虑的是实用性，如家具应该让人使用舒适，灯具应具有所需的足够亮度，钟表应当走时准确并易于辨认钟点。它们的价值应首先体现在实用性方面。这一类陈设品包括家具、灯具、地毯、窗帘、电器用品、书籍杂志、生活器皿、文体用品等。

2. 装饰为主的陈设品

装饰为主是指本身没有实用功能而纯粹作为观赏的陈设品，这些陈设品虽没有物质功能、却有极强的精神功能，可给室内增添不少雅趣，陶冶人的情操。如绘画艺术品、摄影作品、雕饰等工艺品。家具作为纯装饰陈设的很少，几乎所有的家具都有自己的功能，从家具的发展史我们也可以认识到，家具是因为给人带来舒适的使用效果才出现的，所以一般家具的装饰性和功能性是并存的。近年来部分艺术性较强的家具也开始作为装饰性陈列品在空间环境中出现，如红木家具等（图6-6）。这类家具选材高档，做工精美，带有艺术性和观赏性，有些出自名家之手，普遍价格较高，有一定的收藏价值。

6.1.3 室内陈设的形式

室内陈设的形式多样，不同的物品可根据不同的位置陈设出不同的形式。常见的陈设形式包括墙面陈列、台面陈列、橱架陈列、落地陈列等。

1. 墙面陈设

墙面陈设是室内陈设中最常见的方法，是指将陈设品张贴、钉挂在墙面上的展示方式。通过这样的陈设可以丰富墙面效果，避免大面积空白墙面的单调。在做墙面陈设时应注意其与室内整体氛围及周边家具的风格相协调。这类陈设的主要对象是以绘画、摄影作品为主，搭配浅浮雕或小型的立体饰物，也可和功能型的轻型搁架结合，放置陈设品。墙面陈设一般可分为以下两种：

（1）悬挂式。悬挂式墙面陈设主要以平面作品为主，立体作品为辅。在墙面上的位置应注意其与整体墙面的构图及靠墙放置的家具之间的关系是否均衡、协调（图6-7）。陈设品除了有视觉效果以外，还要注意尺寸大小与空间环境是否协调，更应注意视线范围内是否产生压迫感，凡是有效视线范围内过高或过低的悬挂都是不合理的。对于墙面悬挂来说，并不是占满整体空间就是好的陈设，反而应该注意悬挂作品之间的空间感。一至两幅画作可采用居中对称的均衡布局；三幅以上画作应处理好主次关系；多幅画作所占墙面空间较大，陈设不好会产生杂乱感，应注意减少色彩和形状的纷繁复杂，在上墙之前需事先进行设计推敲，上墙之后除本身的构图之外还要协调与周边环境及家具的关系。

图6-5 功能性与装饰性并存的家具及陈设

图6-6 观赏性红木家具及陈设

图6-7 各类墙面悬挂式陈设

（2）搁放式。搁放式是以功能为主、装饰性为辅的一类墙面陈设方式。这类陈设在室内中运用广泛，常利用隔板、搁架来组成有装饰效果的式样来摆放陈设品（图6-8）。在设置搁放式墙面陈设时应注意和环境及周边家具的空间关系和装饰效果。需要兼顾功能的搁放式陈设应特别注意在人体摸高的有效范围内安装。过高的隔板、搁架会减少或失去搁放的功能，变成纯装饰性的陈设。此外，这类陈设品具有放置和承托物品的作用，需要保证使用的安全性，应避免在床头等地方设置过重、尖锐等有危险性的搁放式陈设品，以免给使用者带来不必要的危险。

2. 台面陈设

陈列于水平台面上的陈设品称为台面陈设。这种陈设方式在室内陈设中最为常见，各种桌、台、柜、几的顶面都属于这种陈设。台面陈设的物品类型丰富，花卉、水果、书籍、电器用品、茶具、台灯、工艺品甚至化妆品等都可以通过穿插摆放呈现在台面上，所以台面陈设也是室内空间中覆盖面最宽、陈设内容最丰富的陈设方式（图6-9）。正因为这种陈设品的种类太多，所以很容易让摆放显得杂乱而没有章法，在设计和陈设时应注意：

（1）色彩搭配应符合室内整体基调，根据需要选择使用色调类似的配色达到稳定统一的效果，或用对照强烈的配色突出层次感。

（2）台面陈设品的数量不应求多而应求精，数量的多少应根据台面的尺寸来选择。在陈列品较多的时候，应注意有目的、有构图，注意点、线、面的结合，错落有致地摆放。

（3）陈设品的材质丰富多变，但陈列的风格要和环境和谐统一。不能因过分求异，使台面陈设品和室内设计不搭调，显得十分突兀。

图6-8 搁放式墙面陈设

图6-9 台面陈设

3. 橱架陈设

橱架陈设是一种兼具贮藏作用的展示方式，可以将各种陈设品统一集中陈列，使空间显得整齐有序，尤其是对于陈设品较多的空间来说，是最为实用有效的陈设方式（图6-10）。适合于橱架展示的陈设品很多，如书籍杂志、陶瓷、古玩、工艺品、奖杯、奖品、纪念品、个人收藏品等，都可采用橱架展示。对于珍贵的陈设品如一些收藏品，可用玻璃门将橱架封闭，使陈列与其中的陈设品不受灰尘的污染，起到保护作用，又不影响观赏效果。橱架还可做成开敞式、空透式的，分格自由灵活，可根据不同陈设品的尺寸分隔架的空间。

4. 落地陈设

落地陈设多指大型装饰品，如雕塑、瓷瓶、绿植等（图6-11）。一些公共场所的大厅中央常使用这样的陈设来吸引视线。民用室内常在厅室的角隅、墙边或出入口旁、走道尽端等位置以落地式的摆放作为重点装饰。落地陈设相对其他陈设方式更为随意，对物品的更换搬动更为方便，但同时对空间的利用上不如其他陈设形式。因此，落地陈设应让摆放更有规划性或更为集中，特别是数量多的落地陈设若放置太过散乱会影响整体环境的氛围，显得杂乱没有设计感。

5. 垂挂陈设

除了以上所述几种最普遍的陈设方式外，在室内空间中常见的还有如吊灯、吊饰、幔帐、吊篮、垂帘等垂挂式的陈设方式。这种方式多垂挂于头顶部位，对

空间的占用小，主要作用在于装饰并增添生活的情趣。室内设计中也常用一些大型的长垂挂陈设来分隔空间。在公共场所中，垂挂陈设可以吸引视线，如一些餐厅使用水晶挂饰来使空间形成视觉中心的效果（图6-12）。

图6-10 橱架陈设

图6-11 落地陈设

图6-12 重庆小滨楼餐厅中的垂挂陈设

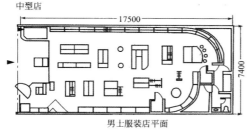

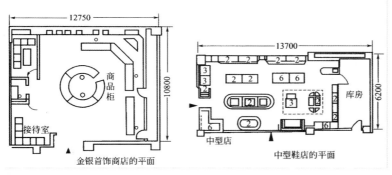

图6-13 中小型店面陈设示意图

6.2 常见空间陈设

本节内容将通过对商场、办公、餐饮、宾馆、居住等常见空间陈设进行分析与总结，使学生了解陈设的实际运用方式和设计原则。

6.2.1 商场空间

商场主要是以消费和销售为主，室内空间的设计即我们常说的店堂陈设应该围绕这些活动来进行。店面的陈设是复杂和多样化的，商业场所中的店堂形式很多，按照不同的消费需求和售卖对象包括售货亭、中小型商店、中大型自购式商场、中大型百货商场、超级市场、购物中心等。在做店面陈设时应该根据不同的商业类型进行布置（图6-13），在结合装饰性陈设烘托气氛的基础上，以突出商品的销售主题为目的。陈设要有特色，能给顾客留下深刻印象，特别要利用橱窗中的陈设品、货品和灯光结合，表现店面的设计品位，把顾客引入店中（图6-14）。一般性商品为保证顾客的挑选方便，商品陈设要分类有序，货架之间的宽度要根据商品类型、店面大小和人体尺寸来安排，不同宽度的货架设置应根据货架中所通过的人体尺寸来安排（图6-15）。此外，涉及贵重商品的情况下，为防盗可使用展柜的形式陈设。

图6-14 意大利都灵市古董店的中国商品橱窗陈设

6.2.2 办公空间

办公空间和商业空间一样，根据办公种类的不同陈设也会大不相同。主要的办公环境包括办公室、会议室、资料室、接待处等主要区域，陈设品也围绕这些区域来设置。办公空间中的主要陈设品包括与办公相关的办公桌（工作台）椅、会议桌椅、文具、电脑设备、打印设备、电话传真设备、文件及档案架等；与办公不相关但能美化环境的植物、装饰摆设等。一些特殊的办公空间其陈设品还会包括仪器设备等，如绘图设计办公相关的绘图板、绘图屏、投影设备等。

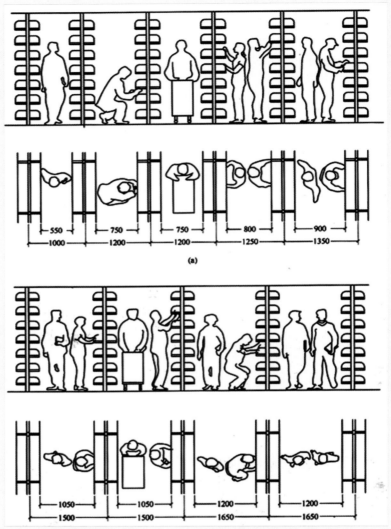

图6-15 货架宽度陈设示意图

办公空间的陈设应以使用方便、简洁和提高工作效率为目的，陈设品的位置摆放不能妨碍工作，可利用家具和植物等陈设品来划分不同工作区。办公区域的陈设应注意工作的私密性，相邻的工作桌应安放隔断。此外，因办公空间属于公共区域，为兼顾人员的流动，办公家具在陈设时应尽量选择可组合或可滑动的，以便人员流动和区域的灵活变动（图6-16）。对工作桌面的陈设来说，最常用的物品应陈设在通常作业范围内，次常用的物品可放在最大作业范围内，同时还应考虑人的使用习惯，常用物品应陈设在方便顺手的方位（图6-17）。

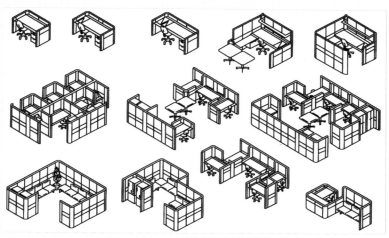

图6-16 可组合的办公家具陈设

图6-17 工作范围内的物品陈设

6.2.3 餐饮空间

就餐活动对人来说是非常重要的,除了餐饮的色、香、味要吸引顾客,就餐的环境也很重要。好的餐饮环境应该是干净、整洁、明亮、有档次、有品位的,特别是空间的陈设和风格,如果能和餐饮的主题相符,就能在满足人的就餐心理的同时,有效提升人的就餐感受(图6-18)。如一家西餐厅,如果陈设和设计为亚洲风格,就会令顾客感到迷惑,甚至对饮食的口味产生怀疑。

6.2.4 宾馆空间

宾馆多建在旅游区和陈设品的选用应能体现当地的文化和民族风格,使游人在大自然中感受到特有的地方风光,回到宾馆也能感受到是生活在一个与自己从前所处环境不同的、具有他乡情调的环境中(图6-19)。宾馆的陈设品,除以舒适为主的功能性陈设外,其他观赏性陈设种类也很多,如书画、摆件、屏风、插花、植物等。

图6-18 泰国餐馆的空间陈设

图6-19 三亚美高梅酒店大堂陈设

6.2.5 居住空间

居住环境对人来说是最重要的室内空间，它是集功能和装饰为一体的空间。居住空间的陈设也是划分最细、最复杂、物品最多的陈设。居住空间中的陈设品还应有助于表达出家庭的个性与品位，给人以轻松舒适的感觉。

1. 玄关

玄关指居室的入口，居住者使用这个空间换鞋、更衣。这个区域在整个居住空间中虽然很小，但使用频率很高，是进出住宅的必经之地，对进门的人来说也是整体居住环境中的第一个关注点，可以说是居室的门面，因此，人们喜欢关注玄关的陈设设计，希望通过玄关反映出家居的整体风格。玄关的陈设品除了鞋柜、衣帽架外，常设有隔断，根据空间大小可配合隔断和玄关柜架等家具，有选择性地摆放地垫、植物、灯具、工艺品，悬挂绘画作品等（图6-20和图6-21）。

图6-20 玄关的几种常见形式

图6-21 玄关陈设

2. 起居室

起居室即我们常说的客厅，是供家庭人员生活交流和会客的场所，这个场所的活动也最为丰富，除上述两项外，娱乐、视听、阅读等活动也常在这个空间开展。起居室往往和过道及其他房间相连，是居室的中心，它的风格也代表整个家居的风格，反映了居住者的生活习惯、个人喜好和品位等（图6-22）。在室内空间中，除常规的家具和电器陈设外，起居室可摆放的物品是最为丰富的，字画、植物、雕塑、瓷器、织物、玩具、书籍等都可以成为这个空间的陈设品。在陈设中要注意保持区域空间的畅通，不能因为陈设不当而阻碍人在起居室中的活动。

3. 卧室

卧室是居住空间中私密性最强的区域，居住者喜欢把较为个人的陈设品放置在卧室中，如个人照片等。这个区域的陈设主要追求宁静、舒适，所以陈设品的选用应是使人身心放松的物品。卧室除床、床头柜、衣柜、梳妆台等主要家具外，陈设品主要集中在窗帘、地毯、床上用品等柔软感、舒适感较强的织物面料上，这类物品色彩可选择性强，对改变卧室色彩和氛围起着较大的作用。其他如摄影、绘画、植物花卉、灯具、烛台等也是卧室陈设中常见的物品（图6-23）。

4. 书房

书房是人们学习和工作的地方，室内陈设品也多与工作学习有关，书房最多的陈设品是书籍，其他繁缛的陈设品较少，多

采取在橱架上和书籍共同陈设的方式，也可结合少量的落地陈设和墙面陈设等（图6-24）。在选择装饰性陈设品时应以简洁素雅为主，可以是简单的几幅画作，也可以是精致的工艺品。

图6-22 不同风格的起居室陈设

图6-23 卧室陈设

图6-24 书房陈设

5. 阳台

　　近年来阳台的陈设受到城市居住者的重视，大多数人选择在阳台中放置躺椅、几台等家具，并通过养护盆景、植物，摆放庭院主题陈设品如景观雕塑、石材等方式来贴近大自然（图6-25）。也有人在阳台上修建小型观赏鱼池、喷泉等。因养护不当等原因造成植物的衰亡，会大大影响了自然陈设的效果，其实对一些不擅长种植的人来说，居室空间中的阳台庭院陈设构建，可通过真假植物结合的方式，选取一些简单易养护的花草，如多肉植物，并结合一些仿真植物的方式，同样能到达好的效果。

图6-25 阳台陈设

CHAPTER 7

家具设计的程序
与方法

本章内容主要是家具设计的实践方面，通过对家具设计程序的分解，让学生对各个步骤中的方法有具体的了解。在本章最后，还展示了部分优秀的家具设计作品。

┃课题概述

本章通过设计前期、设计构思、结构设计、家具设计实践四个方面的内容，详细叙述了家具设计的程序与方法。设计前期包括市场调研、定位分析；设计构思包括创意构思、绘制草图、效果图及设计说明；结构设计包括造型三视图、结构剖视图、总装配图；最后的家具设计实践主要展示部分优秀的学生作品。

┃教学目标

通过对本章的学习，学生应该掌握家具设计的方法与程序。特别是在这个程序中设计师应该做哪些工作及怎样去完成这些工作。

┃章节重点

掌握设计前期从市场调研到效果图、设计说明的方法，及各种结构设计图的运用。

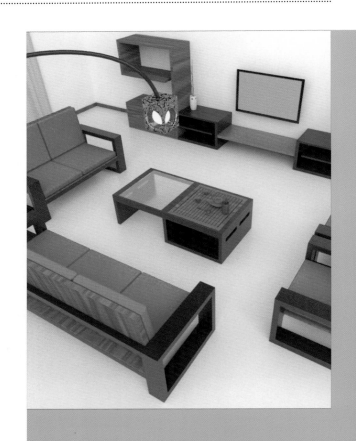

规格数量

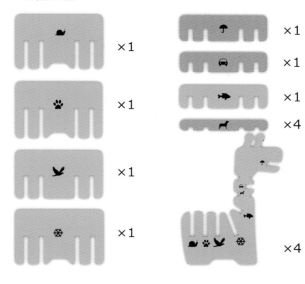

×1

×1

×1

×1

×1

×1

×1

×4

×4

通过前六章的学习，我们已经知道了家具的发展历史，家具的材料，家具和空间的关系等，但要进行实际的家具设计，仅仅学习这些是不够的。家具和其他产品一样是按照规范性的程序生产出来的，这个程序包含了很多的步骤，这些步骤中的工作有很多需要设计者的亲自参与。只有掌握家具设计各阶段的程序，设计师才能认识到自己在家具设计的过程中扮演什么样的角色，需要掌握什么样的知识，在创意思维阶段才能得到更符合实际生产的家具概念。为了便于学习和理解，本章我们把主要的程序和步骤分为设计前期、设计构思、结构和施工三个部分。

7.1 设计前期

家具设计的前期是家具设计目标的确立阶段，在这个步骤中应该通过市场调研搜集和整理市场信息，并通过准确的分析与定位，来确定家具开发的要求和方向，以指导后续设计及制造工作的开展。

7.1.1 市场调查

任何产品的开发缘由都不能是凭空想象的，都要建立在调查分析的基础上。家具也是同理，要对家具进行新的开发，并保证开发的合理性和可行性，就需要通过调研的方式对家具的市场进行必要的了解。家具的种类很多，我们要了解市场，并不能对所有家具品种都有所研究，这样既会花费大量人力物力，也没有方向性。在进行市场调研前，应明确开发目标的各项指标：是什么种类和材质，放在什么环境使用，大概的价格区间如何，使用的对象是谁，将要开发的形式是什么等。只有在以上条件明确的情况下才能有针对性地开展市场调研。市场调研的方法很多，对于家具来说，以下几种方法较为适用。

1. 资讯法

对家具来说，最简单的市场调研方法就是资讯的整理和收集。当我们需要开发新的家具时，最需要的就是对同类产品各项讯息的了解，传统的方式是到各大卖场或公司通过拍照、询问，收集广告册等方式来获得资讯。在电子信息发达的今天，即使足不出户，我们也可以通过网络收集大量的资料，不论是家具的价格，竞争对手的销售情况，市场现有同类产品的造型、材料、规格等都可以直接在网络中找到。这种调研方式的优点在于不论是家具公司还是设计师自己都可以完成，不需要花费太多人力物力；缺点在于对资讯的分析和筛选上较为繁琐，研究数据虽能显示出一些现象和特性，但市场针对性不强。

2. 访谈法

当我们对家具开发的某些方面不是很清楚，又很难通过收集整理资料得到讯息的时候，我们可以采用访谈的方式进行市场调研。比如我们想知道用户对家具颜色的要求，就可以对用户进行访谈，在访谈中提供一些概念性的家具色彩方案供用户选择。这个方法在对儿童家具的开发中经常被使用，儿童的心理和成年人是不一样的，儿童家具的设计必须要满足儿童的喜好。通过访谈我们可以知道儿童对家具外形、色彩、材质的偏好，对设计师的创意思维有较好的启迪作用。

3. 问卷法

使用问卷来进行调研，是产品设计市场调研运用最为频繁的方法。当资讯法所得到的信息过于凌乱，访谈的限制性又太大的时候，在我们希望从大量的信息中挖掘出有规律的现象的时候，用问卷来做市场调研就是最合适的方法。问卷法中最为关键的步骤就是对问卷的设计。在做问卷调查之前就应该明确调查的目的、对象、内容等，从而通过问卷调查获得全面真实的情况（图7-1）。

7.1.2 定位分析

完成对家具的市场调研后，并不是直接进入设计创意阶段，应该通过对所得资料进行总结整理，深入分析来确定设计定位。这里的定位并不是设计创意，而是理论上的整体定位，可以形成分析报告，也可以用图形的方式来表达（图7-2）。这是对后期从设计到生产的提前规划，以减少开发设计中的失误，降低成本及资金的浪费。设计师在设计中应符合定位分析阶段得出的结论，才能让创意构思符合开发目的。

7.2 设计构思

设计师在设计构思阶段需要将家具的造型创意用草图及效果图的方式详细表示出来，给人直观的印象。这个步骤直接反映了

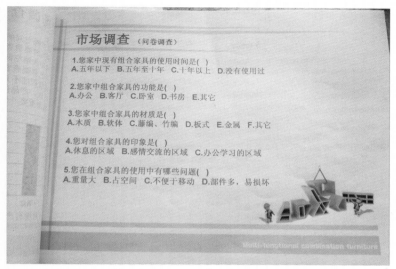

图7-1 家具市场调查问卷

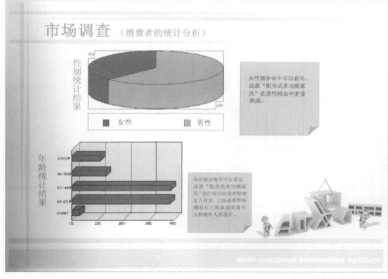

图7-2 市场调查报告中的的消费者分析

图7-3 儿童家具设计中的仿生形态

设计师的创意能力与表现技能，这两者是相辅相成的关系，光有好的创意没有表现技法只能让设计停留在空想上，而光有技法没有思想的设计也无法抓住市场。本节内容将会从创意构思、绘制草图、效果图与设计说明几个方面出发，引导学生在掌握创意思维方式的同时认识表现技法的类型与重要性。

7.2.1 创意构思

对于家具而言，设计的开端总是模糊和难以把握的，在设计中要处理好审美、人机、成本、技术等问题，需要一个思维的过程，这个过程要求设计师不断地完善调整并利用绘画的手段对灵感进行记录。如何在家具设计的初期抓住好的灵感，并在设计中进行有效的现实转化呢？对于设计理念成熟的设计师来说并不是难事，但初学者可能需要利用不同的方式来刺激思维，例如以下两种。

1. 仿生法

所谓仿生法是以仿生学为基础，通过研究生物原型的功能、结构、形态、色彩及生活环境等特征，有选择地在设计过程中应用这些特征原理进行的设计思考。家具设计中仿生法经常被使用，如本书在第三章提到的丹麦设计师安恩·雅各布森设计的"蚁椅"，美国设计师埃罗·沙里宁设计的"郁金香椅"等都是家具仿生设计的典范。因为仿生形态多来源于大自然的动植物，这样的造型亲和力强，所以儿童家具设计中采用仿生法的情况较多（图7-3）。

2. 形态法

所谓形态法是在家具创意初期，选择容易进行造型转换的具象化形态，进行创意的探索，并最终完成创意的过程。大多数家具的造型都是比较规则的，一些基本的形态，如长方形、梯形、圆形、字母、数字等与简洁的家具造型比较接近，设计师在进行家具设计时常使用在这些基础形态上进行变形和转化的方法来找寻设计灵感（图7-4）。

3. 联想法

联想法是一种通过思维的关联性获得创意的方法。在设计中把有关联的事物联系起来，由此产生新的想法。联想法可以在设计中突破思维的局限性，层层往外展开，发散出无限的设计点。联想法常在设计小组中进行，由一名有经验的设计师带领大家展开联想，进行头脑风暴，把联想到的关键词记录并展示出来，通过小组讨论后选出可以和家具相结合的设计点，展开草图创意（图7-5）。

7.2.2 绘制草图

在计算机技术普及的今天，许多家具设计师习惯用电脑效果图的方式来表达创意，以致忽略了草图在设计中的重要性，抛弃了这项设计师必须掌握的基本技能。草图可以帮助设计师建立创意积累，是计师表达意念、交流设计思想的重要手段，也是培养观察力、创造力及造型表现力的最好方法之一。对于方案来说，画草图还有利于方案初期的研究思考，是家具设计视觉表达的基础和支持，是对家具形态、色彩、质感等最经济的、省时有效的表现方式。草图的种类很多，很多人放弃绘制草图，往往认为手绘的难度较高，其实在创意的过程中并不需要太过于注重草图的质量和家具结构尺寸的准确，而在于创意的积累。绘制草图的阶段大致可分为两个方面：

1. 概念性草图

概念性草图主要使用快速表现的技法来抓住家具设计的原始意念，捕捉瞬间形态，积累闪现的创意，设计师能自行理解其形态即可。在草图中设计师只需要敏捷地徒手进行简洁的轮廓勾勒，记录、发现及分析产品，启发构思即可，不需要注重绘画的技法和画面质量，更不需要关注家具的材料、尺寸和结构，甚至不需要着色。在草图说明不足时，还可配上简洁的文字（图7-6至图7-9）。

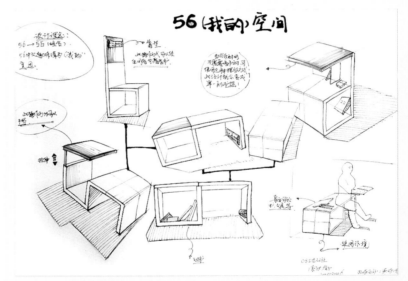

图7-4 家具的"数字"形态造型（设计者：索洪都）

图7-5 荷兰文德斯汉姆大学家具设计课程中教师带领学生进行"联想法"思维

2. 归纳性草图

归纳性草图可以说是概念的完善，是在前一步骤中找出可发展的方案，进行深入的探索，在草图中可适度地表达细节与效果，便于方案在结构、材料、尺寸等方面的评估。特别在家具设计中，归纳性草图可结合空间环境的陈设来表达，有利于设计师把家具放在空间当中去考虑，而不是独立地进行设计，这也是家具设计区别于其他产品设计的一个特点（图7-10）。

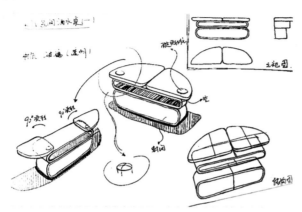
图7-6 KTV酒水桌概念草图（设计者：蒲云芸）

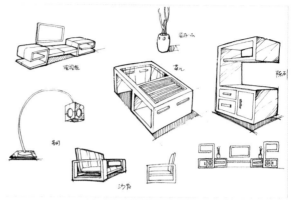
图7-8 组合家具及陈设概念草图（设计者：刘瀚）

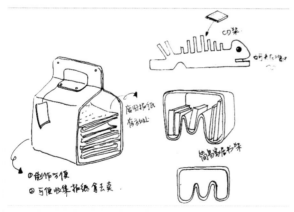
图7-7 便捷式纸板杂志架概念草图（设计者：孟莉）

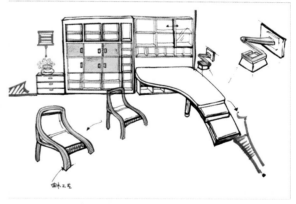
图7-9 家具的空间陈设概念草图（设计者：曹梅江）

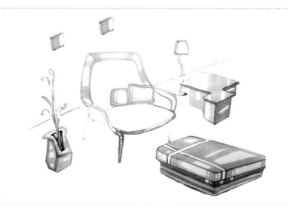
图7-10 家具与空间陈设草图（设计者：张荪）

7.2.3 效果图与设计说明

设计方案确立后,可绘制效果图详细地呈现出方案,传达出准确的设计意图,让观者不受职业限制也可了解设计者的意图,并便于进行结构分析。效果图除再现设计师的思维创意外,还应通过到位的透视、比例、结构、色彩、质感及流畅的线条表现达到产品的准确形态,并配合文字进行设计说明(图 7-11 至图 7-13)。

- 高背椅与桌子相连接,椅子的旁边可随手放报纸或者杂志,有一定的储存空间。在桌子的右部设有一个可供机箱存放的地方,在不放机箱时也能够放置些常用书籍,方便拿取。最右部也设有存储空间。单独的可移动座椅内部可也放置书籍等。这样的家具设计同时也满足家长在辅导孩子的时候使用。

- 这套桌椅采用连体型的设计,在造型上基本统一,采用方形为主,木质结构使桌椅看上去十分淡雅。

- 上方的书架同样采用一体式的设计,与下方的桌椅配套。同样采用木质的结构,方便书籍的摆放和拿取。在书架上摆放几个可爱的小物件或者盆栽更能添加书架的生动感。

图7-11 自然简约的书房家具及陈设设计(设计者:邓璟慧)

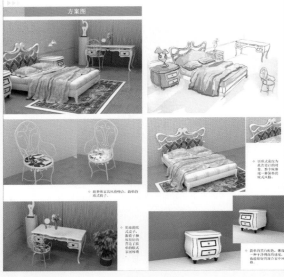

图7-12 新洛可可家具及陈设设计(设计者:向妍)

方案说明:
传统符号与现代简约的结合运用以及传统材料和现代材料的搭配,创造出一种全新的视觉感受。

图7-13 "新中式"家具设计效果图(设计者:刘瀚)

7.3 结构设计

在家具效果图完成之后，还需要在造型的基础上，对家具的零部件尺寸、外形、结构等进行规范化和标准化，才能让设计师的概念转向生产阶段。结构设计是家具设计师必须掌握的重要技术，是设计师与工程师、技术人员沟通的语言，最基本的设计规范制图包括三视图和结构剖面图。

7.3.1 造型三视图

为更真实准确地反应家具的空间形体，常采用投影的方式来表达。这种按照一定比例关系，分别从正立面、侧立面和俯视三个相互垂直的投影面上取得的标准制图称为三视图，三视图是最基本的规范性制图。在三视图中，主视图要反映家具的长和高，俯视图要反映家具的长和宽，侧视图则反映家具的高和宽（图7-14）。

7.3.2 结构剖视图

三视图完成之后，家具整体骨架的标准尺寸已经基本清楚，这时为表达家具的内部结构，以及内部结构与外部的关系时，可采用在适当位置剖开形体的方式呈现，称为剖视图（图7-15）。画剖视图时，应该注意：选择适当的剖切面，通常习惯选择平行于投影面的位置；剖视图上的形体断面轮廓和剖切后的轮廓都应用粗实线表示；剖面区域中的材料要使用特定的符号来表达（图7-16）。

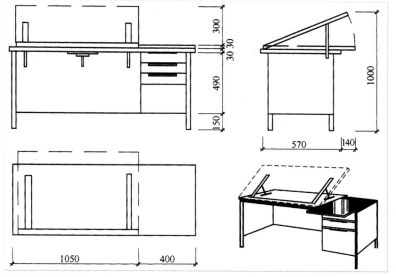

图7-14 绘图桌三视图

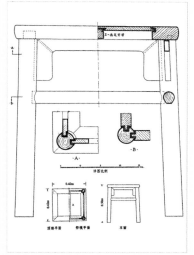

7-15 杌凳剖视图

7-16 剖视图中材料的符号表达

97

7.3.3 总装配图

　　家具的结构和零部件按照一定的方式结合在一起而绘制的图纸称为装配图。装配图可以用来指导已经加工完成的零部件装配成整体家具，还用于指导零、部件的加工。因此，总装配图的尺寸、形状、结构的表达必须详尽清晰（图7-17和图7-18）。

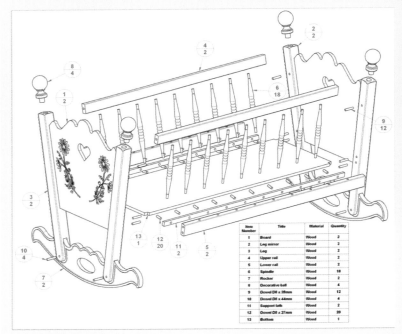

Item Number	Title	Material	Quantity
1	Board	Wood	2
2	Leg mirror	Wood	2
3	Leg	Wood	2
4	Upper rail	Wood	2
5	Lower rail	Wood	2
6	Spindle	Wood	18
7	Rocker	Wood	2
8	Decorative ball	Wood	4
9	Dowel D8 x 35mm	Wood	12
10	Dowel D8 x 44mm	Wood	4
11	Support lath	Wood	2
12	Dowel D8 x 27mm	Wood	20
13	Bottom	Wood	1

图7-17 婴儿车的装配图

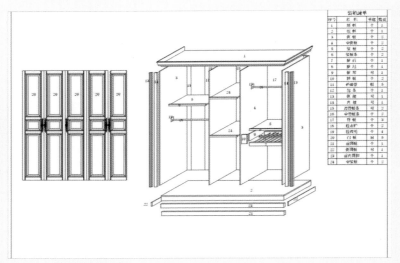

图7-18 五门衣柜装配图

7.4 家具设计实践

设 计 说 明

设计这套家具有浓郁的东方气息的家具的初衷是探索如何将更多家具之外的东方文化元素融合到家具之中，创造一种新的能表达东方神韵和美学的造型形式。汉字是众多文字中最有特点的，它可以独立地作为一种文化形式存在，而且字体结构上就具有独一无二的美感。所以我选择了汉字作为这款家具的造型元素。取汉字"中""征""平""和"进行变形设计。因为"中正平和"是懦家思想体系中所提倡的"中庸"之道的中心思想。而儒家思想是东方文化的重要组成部分。通过对这四字形态进行分析、提炼和立体构建，将竖横点折撇捺的变化运用到设计中，线条简练，风格典雅，造型优美，朴实大方。椅背上的纹样为卷草纹，其寓意为生机勃勃，祥云之气，除了装饰之外，还起到了三角支撑结构的作用。汉字美感和祥纹寓意的融入使这套家具更具韵味。

图7-19 汉字家具设计 设计者：黄业恒　指导老师：杨媛媛、皮永生

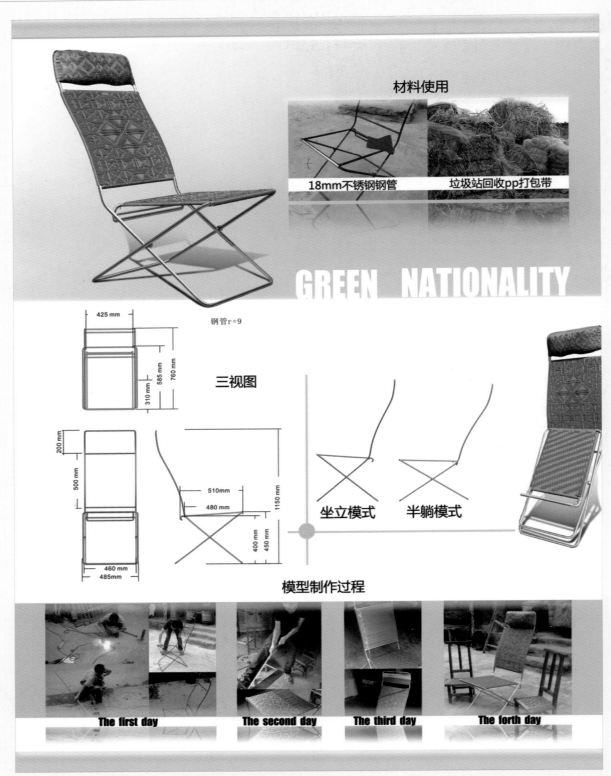

材料使用

18mm不锈钢钢管　　垃圾站回收pp打包带

GREEN NATIONALITY

钢管r=9

三视图

坐立模式　　半躺模式

模型制作过程

The first day　　The second day　　The third day　　The forth day

图7-20 折叠椅设计　设计者：索洪都图　指导老师：皮永生、杨媛媛

"布曼"

现代特色民族、绿色折叠休闲椅
Nationality　　Green

设计说明：

　　"布曼"——"布"代表布依族文化，"曼"具有继承、延续之意，"布曼"原本也是古代人对布依族的尊称。"布曼"运用布依族圣果"白果"花作为编织图案，表达富贵、平安等吉祥之意；运用布依族文字作为编织图案，呼吁人们保护和挖掘失传的民族文字；运用服装头饰作为靠椅靠枕，更具民族风。同时，使用废旧回收的pp打包带编织，使设计更具绿色环保的灵魂！

　　"布曼"顺应了未来中国现代家具设计方向——民族特色现代家具，提醒设计者们意识到名族文化退化的危机，去挖掘、继承和保护少数民族文化，同时也倡导设计师对绿色设计的重视！

使用场景：适合在阳台或户外休闲使用，更贴近自然。

银杏花（白果花）和布依族头饰结合到靠枕的设计

布依族古文在靠背的编织应用

pp打包带透气性、弹性、防腐性好

折叠　　　　　摆放

图7-21 折叠椅设计　设计者：索洪都图 指导老师：皮永生、杨媛媛

sofa

A

忠实于极简主义风格
遵循着功能决定造型的原则
基于人性化的思考,追随绿色设计的理念

自由组合沙发

设计说明

我这个沙发初期才创意来源于中国的汉字中的"凹凸",通过两个汉字的造型组合设计一套沙发。用沙发来表达"凹凸"的哲学里面相生相形,共存互补的思想,并用"凹凸"的造型特点来对沙发造型进行功能划分。

后面我改变了自己的方向,因为它看上去并不是很实用。我觉得设计正如某个设计师所说的:"我们是努力寻找一个物品本身应该有的造型。"每一步的设计都必须是有意义的,一件作品上面不应该存在多余的造型部分。最后这个设计已经不太具有"凹凸"的影子,只有从靠背和坐面的分割来才能看出一些影子。但起码它具备了更强的使用功能,和批量生产的可行性。

我的沙发就是在这样的理念之下设计出来的,也是借沙发的造型展示我对设计的理解。

图7-22 组合沙发设计 设计者:朱浩 指导老师:杨媛媛、皮永生

本李
源森 ——主题家具设计

迷乱的灯光，嘈杂的城市，让我带你
一起远离，回到我们的本真生活。
充分享受个人的宁静和惬意。
让身体和心灵都得到释放……

一个手工操作台，一杯清茶
憩于森林，身心舒缓中，
俯瞰红尘，与自然恳谈，
是对自己最好的犒赏…………
[享受专属你的森林式生活...]

本李
源森 主题家具设计

设计说明
以"森"为主题，设计的一系列家具顺应
现代低碳的社会发展趋势和人们对"本我"
的生活追求。

榻榻米式的桌台
底部的十字构架用来
稳固整个桌体，这样的
穿插结构便于生产加工
直至输送，更是主题
"森"的低碳之处。

只简单的几何造型就能拼打出多种令人惊喜的样子。或躺，或坐，又或阅；
有爱的心形，环绕你的手工做间，是不是就是那童年的梦……

图7-23 组合家具设计 设计者：李亚珂 指导老师：皮永生、杨媛媛

精品家具设计

圈椅造型:

黄花梨圈椅

麒麟圈椅

设计说明:

本座椅借鉴了中国经典明清家具中的圈椅造型变形而成。整体感强烈，分为两部分：支撑部分和椅座部分；采用高档檀木作为制作材料，造型简洁明快，颇具古典气息。

CAD尺寸图:

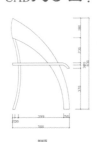

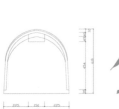

效果图:

图7-24 现代中式家具设计 设计者：唐高峰 指导老师：胡虹

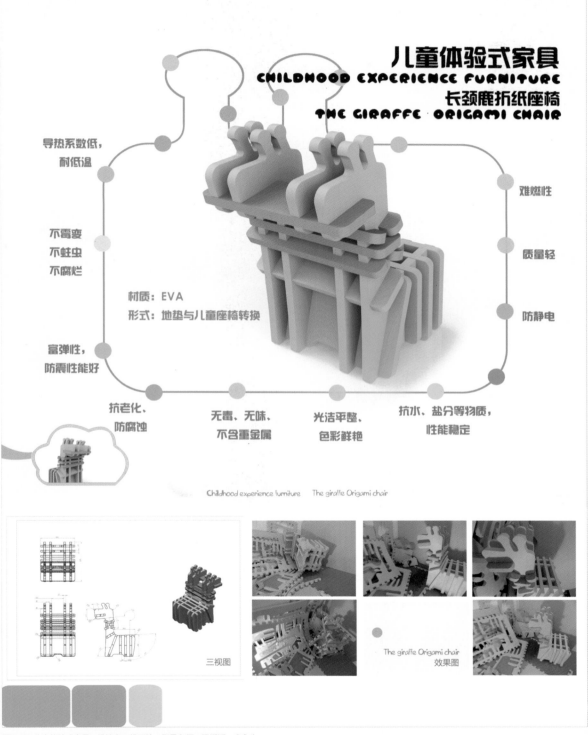

儿童体验式家具
CHILDHOOD EXPERIENCE FURNITURE
长颈鹿折纸座椅
THE GIRAFFE ORIGAMI CHAIR

导热系数低，
耐低温

不霉变
不蛀虫
不腐烂

材质：EVA
形式：地垫与儿童座椅转换

富弹性，
防震性能好

抗老化，
防腐蚀

无毒、无味，
不含重金属

光洁平整、
色彩鲜艳

抗水、盐分等物质，
性能稳定

难燃性

质量轻

防静电

Childhood experience furniture　　The giraffe Origami chair

三视图

The giraffe Origami chair
效果图

图7-25 儿童体验式家具　设计者：线亚绘　指导老师：杨媛媛、皮永生

儿童体验式家具
CHILDHOOD EXPERIENCE FURNITURE
长颈鹿折纸座椅
THE GIRAFFE ORIGAMI CHAIR

Experience

Origami

The giraffe Origami chair

关于

长颈鹿折纸儿童体验式座椅,
从设计理念,
到材料选择、产品结构、尺寸、造型,
及其体验思维引导,
参考遵守《儿童家具人机工程学》、
《儿童家具通用技术条件》、
《儿童家具智益思维引导》等资料。

组装操作顺序

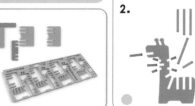

1.

2.

3.

设计说明

长颈鹿折纸体验式座椅,
在体验模式上,
针对3—5岁儿童的发育阶段的行为模式、心理模式进行益智开发引导,在动手、游戏、沟通合作中思考问题、解决问题,调动孩子实践的积极性,
引导孩子的思维模式,培养孩子注意力的集中能力。
同时,长颈鹿折纸体验家具,在表现形式上与地垫结合,充分体现了儿童家具的"成长性"概念,当孩子不再需要小椅子的时候,
通过拆分可以重新组拼成地垫,供孩子在上面游戏,为孩子和家庭继续提供服务。

制作过程

儿童体验式家具
Childhood experience furniture

图7-26 儿童体验式家具　设计者:线亚绘　指导老师:杨媛媛、皮永生

Manual 使用说明

儿童体验式家具
CHILDHOOD EXPERIENCE FURNITURE
长颈鹿折纸座椅
THE GIRAFFE ORIGAMI CHAIR

规格数量

×1

×1

×1

×1

×1

×1

×1

×4

×4

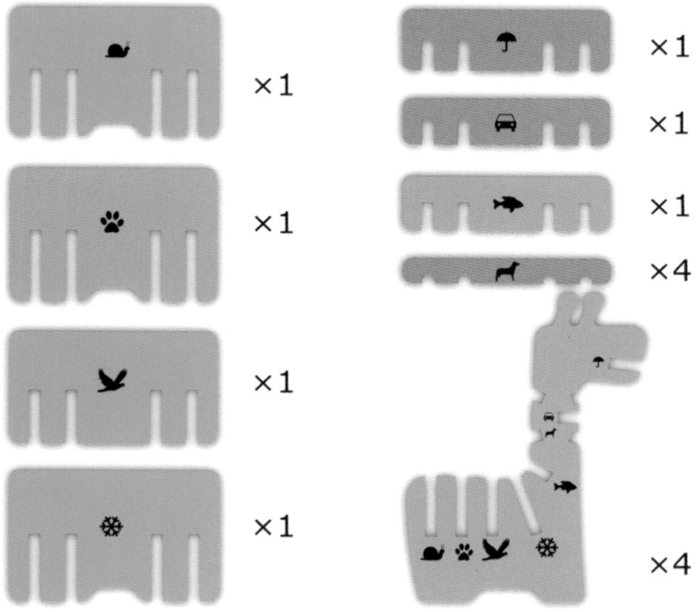

使用及清洁方法

1. 使用前请将包装拆开，于通风处放置片刻，
充分散去残余微弱气味。

2. 依照齿与齿拼装后，可做任何创意组合
（四边有齿口做连接。铺设简单、平整）。

3. 三岁以下儿童，请在成年人陪同下使用。

4. 如需清洁，请用湿毛巾拭擦。

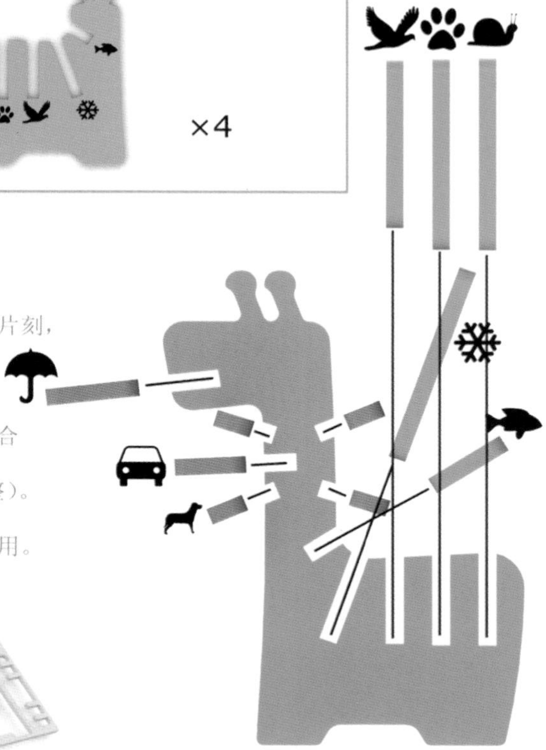

Childhood experience furniture

图7-27 儿童体验式家具　设计者：线亚绘　指导老师：杨媛媛、皮永生

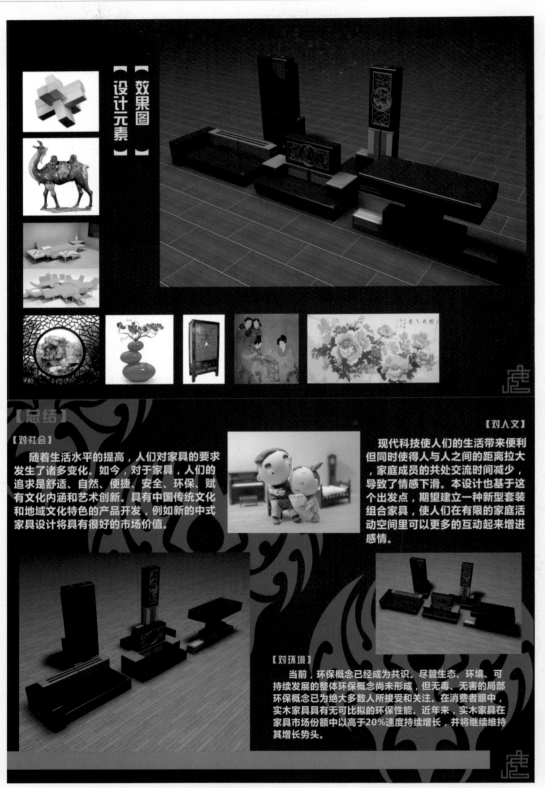

图7-28 中国元素组合家具设计 设计者：张艺 指导老师：皮永生

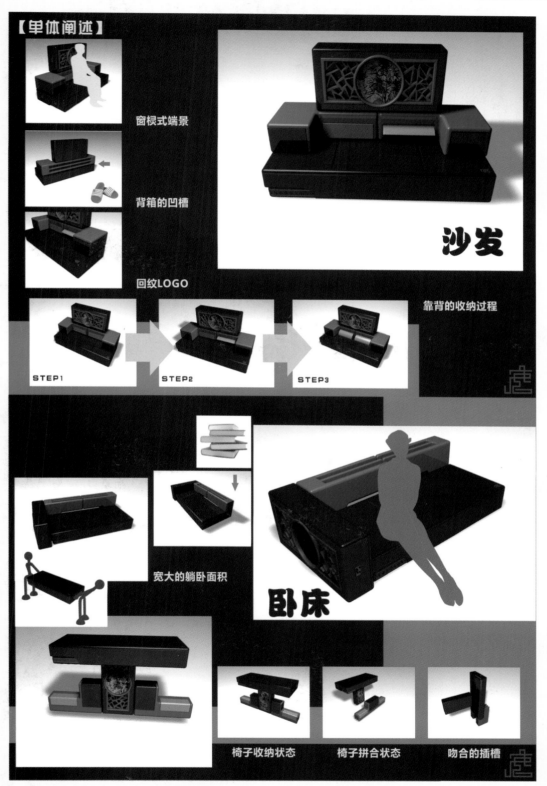

【单体阐述】

窗棂式端景

背箱的凹槽

回纹LOGO

沙发

靠背的收纳过程

STEP1　STEP2　STEP3

宽大的躺卧面积

卧床

椅子收纳状态　　椅子拼合状态　　吻合的插槽

图7-29 中国元素组合家具设计　设计者：张艺　指导老师：皮永生

图7-30 中国元素组合家具设计

主要参考文献

[1] 陈祖建主编. 家具常用资料集[M]. 北京：化学工业出版社, 2008

[2] 黄艳，王旭光，李丽编著. 家具设计[M]. 安徽：合肥工业大学出版社, 2011

[3] 康海飞主编. 家具设计资料图集[M].上海：上海科学技术出版社, 2008

[4] 吕苗苗主编. 家具设计[M]. 北京：北京大学出版社, 2011

[5] 刘育成，李禹编著. 现代家具设计与实训[M]. 辽宁：辽宁美术出版社, 2009

[6] 草千里编著. 明清家具[M].浙江：浙江大学出版社, 2004

[7] 牟跃编著. 家具与环境设计[M]. 北京：知识产权出版社, 2005

[8] 任康丽，李梦玲编著. 家具设计[M]. 武汉：华中科技大学出版社, 2011

[9] 陶涛主编. 家具设计与开发[M]. 北京：化学工业出版社, 2012

[10] [德] 古斯塔夫·艾克主编，薛吟译. 中国花梨家具图秀[M]. 北京：地震出版社, 1991

[11] 李飒，戴菲，纪刚，马长勇主编. 陈设设计[M]. 北京：中国青年出版社, 2011

[12] 庄荣，吴叶虹编著. 家具与陈设[M]. 北京：中国建筑出版社, 2004

[13] 程瑞香编著. 室内与家具设计人体工程学[M]. 北京：化学工业出版社, 2008

[14] 龚锦编译. 人体尺度与室内空间[M]. 天津：天津科技大学出版社, 1995

[15] 张月编著. 室内人体工程学[M]. 北京：中国建筑出版社, 2009

[16] 胡景初，方海，彭亮编著. 世界现代家具发展史[M].北京：中央编译出版社, 2011

[17] 王受之著. 世界现代设计史[M]. 北京：中国青年出版社, 2002

[18] 黄宗贤编著. 中国美术史纲要[M]. 重庆：西南师范大学出版社, 1993

[19] 夏燕靖著. 中国设计史[M]. 上海：上海美术出版社出版社, 2009

[20] Jim Postell. Furniture Design[M]. Published by John Wiley & Sons. Inc, 2007